湖南省干旱灾害风险及防治区划

魏永强 等／著

长江出版社
CHANGJIANG PRESS

《湖南省干旱灾害风险及防治区划》
编审组

审　定　杨诗君　黎军锋

审　查　刘志强　伍佑伦　吕石生　常世名

审　核　李永刚　盛　东　刘燕龙　易知之
胡　可　欧明武

主　编　魏永强　申志高　杨　扬　赵伟明

参编人员　胡颖冰　谭　军　刘燕龙　仇建新
吕　倩　王　舟　周　翀　李　平
李如意　汪　敏　田　旻　赵志尧
李　元　尹　卓　潘洋洋　周　煌
彭丽娟　张梦杰

2011年5月15日，常德市石门县澧水因旱裸露的河床

2011年，常德市石门县因旱干裂的土地

2013年8月7日，娄底市娄星区双江乡义坪村安装抽水泵抽水

2022年9月21日，衡阳市祁东县黄狮江因旱断流

2022年9月23日，娄底市娄星区抗旱打井现场

2022年9月4日，城陵矶水文站水尺全部裸露在外

前言

PREFACE

近年来受全球气候变暖趋势的影响，我国极端气候事件增多增强，区域降水和河川径流变化波动明显增大，导致干旱呈现多发、加重态势，干旱灾害发生频率升高，重、特大旱灾年份增多，灾害损失加重。我国每年因旱造成的粮食减产约占气候灾害造成的粮食损失的50%，干旱已成为制约经济社会可持续发展的最主要因素，给农业生产和抗旱减灾工作带来了严峻挑战，也向国家安全提出了重大挑战。湖南省属农业大省，由于地形地貌自然条件复杂、水资源时空分布不均等，干旱灾害频繁发生，且各区域干旱成因各不相同，区域性干旱特征明显，春旱主要发生在湘西北、湘北地区，夏旱主要发生在湘中、湘东地区，秋旱主要发生在湘中一带，冬旱主要发生在湘西北、湘东南地区。2000年以来，洞庭湖区干旱也时有发生。

新中国成立以来，湖南省开展了大规模的水利工程和非工程措施建设。虽然干旱灾害防御能力不断提升，战胜了数次严重干旱，有效应对了频繁发生的干旱事件，为经济社会发展提供了有力支撑，但仍然面临一些突出问题。例如：省内干旱基础研究、风险管理及监测预警方面存在薄弱环节，且未与社会管理实现有机结合；省内不同区域的旱情类型和原因不同，难以采用全国统一的干旱评判标准；省内不同区域、不同程度旱情的应对措施和解决方案也不够精准完善；抗长旱、抗大旱能力不足等。解决目前存在的问题、提高湖南省防旱抗旱能力是关系人民群众生命财产安全和社会安全的大事。

党的十八大以来，以习近平同志为核心的党中央高度重视防灾减灾工作，强调要坚持以防为主、防抗救相结合的方针，坚持常态减灾和非常态救灾相统一，为新时代防灾减灾工作提供了科学指引。2018年10月10日，习近平总书记主持召开中央财经委员会第三次会议，研究提高我国自然灾害防治能力等问题。会议强调，加强自然灾害防治关系国计民生，建立高效科学的自然灾害防治体系，提高全社会自然灾害防治能力，是实现“两个一百年”奋斗目标、实现中华民族伟大复兴中国梦的必然要求。

根据习近平总书记提出的“节水优先、空间均衡、系统治理、两手发力”的治水方针，结合湖南省气候、地形地貌、社会经济、历史旱情及抗旱能力现状，分析研究省内不同地区、不同种类干旱风险等级，开展干旱灾害风险区划及防治区划，可为全省抗旱决策部署、启动应急响应、实施应急水量调度等抗旱工作提供技术支撑，为开展干旱风险管理奠定重要基础。

本书阐述了干旱灾害的相关概念，浅析了开展干旱灾害风险及防治区划的必要性；整理了湖南省历史典型年干旱灾害情况及防治现状；依据相关科学原则和技术方法，首次对湖南省123个县级行政区域（含长沙国家高新技术产业开发区）的干旱灾害风险等级和干旱灾害防治能力等级进行了划分，明确了各区域的干旱灾害风险和干旱灾害防治等级、具体范围，剖析了区域干旱灾害的综合孕灾条件及成因等实际情况，为提升湖南省干旱灾害风险动态管理能力提供重要参考；根据湖南省干旱灾害风险及防治区划成果提出了一些可行的应对策略，并对干旱灾害风险及防治区划成果在等级标准、预报预警、数字化等方面的应用做了详细介绍，可为湖南省干旱灾害防御能力提升提供技术指导。

本书在编写过程中，参阅了许多公开出版的书籍和公报，并已将参考文献列于本书正文之后。同时，本书得到了湖南省水利厅、湖南省水旱灾害防御事务中心、湖南省洞庭湖水利事务中心、湖南省水文水资源勘测中心、湖南省气候中心等单位的大力支持，谨此致谢。

因干旱灾害风险及防治区划涉及的时空范围甚广，基础数据信息量大、采用的技术方法多，加之编者水平有限，书中难免有不妥之处，敬请广大读者和同行专家批评指正。

作 者

2023 年 6 月于长沙

目　录

CONTENTS

第1章 绪 论

1.1 干旱灾害相关概念

1.1.1 干旱

干旱是指由水分的供与需不平衡形成的水分短缺现象。这是一种由气候变化等因素引起的随机性、临时性水分短缺现象，可能发生在任何区域的任意一段时间。干旱既可能出现在干旱或半干旱区的任何季节，也可能发生在半湿润甚至湿润区的任何季节。

干旱可能发生在水循环的各个不同环节。根据发生环节的不同，可将干旱分为气象干旱、水文干旱和社会经济干旱。气象干旱（又称大气干旱）是指由自然界降雨和蒸散发收支不平衡造成的异常水分短缺现象，常用降水量、气温、蒸散发量等指标反映；水文干旱是指由气象干旱或地表、地下水不平衡造成的江河、湖泊径流和水利工程蓄水量减少以及地下水位下降的现象，常用径流量、蓄水量、河道水位、地下水位等指标反映；社会经济干旱是指由气象干旱、水文干旱或人类活动引起社会经济系统水资源供需不平衡的异常水分短缺现象，包括对农村、城市和生态的影响，常通过作物受旱面积、作物受灾面积、因旱饮水困难、城市日缺水量等指标反映，研究分析旱情、评估旱灾影响损失以及安排部署抗旱减灾工作所关注的主要是社会经济干旱的范畴。

1.1.2 旱情

旱情是干旱的表现形式和发生、发展过程，包括干旱历时、影响范围、发展趋势和受旱程度等。旱情的概念通常是指作物生育期内，耕作层土壤水分得不到降雨、地下水和灌溉水的适量补给，土壤供水不断消耗，农作物从土壤中吸收的水分不能满足正常生长要求，作物体内出现水分胁迫从而使其生长受到抑制的情势。近年来，随着发生频率的增加，干旱灾害涉及的范围和领域不断扩大，影响程度也在加重，对城市和生态环境的不利影响日趋严重。水利部门顺应形势的发展变化，适时转变工作思路，提出抗旱工作要实现被动向主动、单一向全面的转变，将抗旱工作关注和服务的领域向城市和生态延伸，旱情的概念也相应地由农村、农业拓展至城市和生态。这种转变切合经济社会发展的现实需求，也丰富和完善了干旱问题的理论研究和实践应用体系。

根据受旱对象的不同，旱情可分为农村旱情、城市旱情和生态旱情等。其中，农村旱情又包括农业旱情、牧业旱情和因旱人畜饮水困难。

农业旱情是指作物受旱状况，即土壤水分供给不能满足作物发芽或正常生长要求，导致作物生长受到抑制甚至干枯的现象，可选用土壤相对湿度、降水量距平百分率、连续无雨日数、作物缺水率、断水天数等指标进行评估；牧业旱情是指牧草受旱情况，即土壤水分供给不能满足牧草返青或正常生长需求，导致牧草生长受到抑制甚至干枯的现象，可用降水量距平百分率、连续无雨日数、干土层厚度等指标进行评估；因旱人畜饮水困难是指由干旱造成城乡居民以及农村大牲畜临时性的饮用水困难，可根据取水地点的改变或人均基本生活用水量以及因旱饮水困难持续时间来评判。城市旱情是指由旱造成城市供水不足，进而导致城市居民和工商企业供水短缺的情况，包括供水短缺历时及程度等，可用城市干旱缺水率和城镇水源状况进行评估。生态旱情是指由旱造成江河径流量减少、地下水位下降、湖泊洼水面缩小或干涸、湿地萎缩、草场退化、植被覆盖率下降等现象。

根据受旱季节的不同，一般针对农业旱情，又分为春旱、夏旱、秋旱、冬旱和连季旱。春旱是指 3—5 月发生的旱情。春季正是越冬作物返青、生长、发育和春播作物播种、出苗的季节，特别是北方地区，春季本来就是“春雨贵如油”“十年九春旱”的季节，假如降水量比正常年份再偏少，发生严重干旱，不仅影响夏粮产量，还造成春播基础不好，影响秋作物生长和收成。夏旱是指 6—8 月发生的旱情，三伏期间发生的旱情也称伏旱。夏季为晚秋作物播种和秋作物生长发育最旺盛的季节，气温高、蒸发大，夏旱可能影响秋作物生长甚至减产。秋旱是指 9—11 月发生的旱情。秋季为秋作物成熟和越冬作物播种、出苗季节，秋旱不仅会影响当年秋粮产量，还影响下一年的夏粮生产。秋季是蓄水的关键时期，长时间干旱少雨，径流减少，将导致水利工程蓄水不足，给冬春用水造成困难。冬旱是指 12 月至次年 2 月发生的旱情。冬季雨雪少将影响来年春季的农业生产。连季旱是指两个或两个以上季节连续受旱，如春夏连旱、夏秋连旱、秋冬连旱、冬春连旱或春夏秋三季连旱等。

1.1.3 旱灾

旱灾，即干旱灾害，是指由于降雨减少、水工程供水不足引起的用水短缺，并对生活、生产和生态造成危害的事件。旱灾具有区别于其他灾害的显著特点：第一，由于旱灾具有渐变发展的特点，其影响具有积累效应，其开始时间、结束时间难以准确判定；第二，与洪水、地震及滑坡泥石流等其他自然灾害不同的是，旱灾一般不会对人类社会造成直接的人员伤亡及建筑设施的毁坏，但带给人类社会的影响和损失却有过之而无不及。

根据受灾对象的不同，可将旱灾划分为农业干旱灾害、城市干旱灾害和生态干旱灾害。农业干旱灾害是指作物生育期内由受旱造成较大面积减产或绝收的灾害；城市干旱灾害指城市因遇枯水年造成城市供水水源不足，或者由于突发性事件使城市供水水源遭到破坏，导致城市实际供水能力低于正常需求，致使城市正常的生活、生产和生态环境受到影响的灾害；生态干旱灾害是指湖泊、湿地、河网等主要以水为支撑的生态系统，由于天然降雨偏少、江河来水减少或地下水位下降等因素，使湖泊水面缩小甚至干涸、河道断流、湿地萎缩、咸潮上溯以及污染加剧等，导致原有的生态功能退化或丧失，生物种群减少甚至灭绝的灾害。

1.1.4 干旱、旱情和旱灾的联系及区别

干旱、旱情和旱灾是水分短缺这一自然现象在其发生发展过程中所表现出的3个不同阶段，既相互联系又相互区别。干旱是一种自然因素偏离正常状况的现象，是旱情和旱灾的主要诱因之一，而旱情和旱灾是指随着干旱的继续发展对经济社会的影响和破坏。抗旱减灾更为关注的是旱情和旱灾的阶段。

干旱和旱情是有区别的。干旱的核心内容是水分收支不平衡造成的水分短缺现象，受社会经济因素的影响，水分短缺不一定直接造成不利影响和损失；而旱情则是侧重考虑水分短缺对社会经济相关领域造成的影响情况，是干旱逐渐发展的结果。如西北等常年干旱的荒漠地区，由于没有人类活动，干旱不会表现出对社会经济的不利影响，也不会发展成旱情和旱灾。

1.2 区划的必要性

我国是世界上自然灾害最为严重的国家之一，灾害种类多，分布地域广，发生频率高，造成损失重，这是一个基本国情。党的十八大以来，以习近平同志为核心的党中央将防灾减灾救灾摆在更加突出的位置，多次就防灾减灾救灾工作做出重要指示，提出了一系列新理念新思路新战略，深刻回答了我国防灾减灾救灾重大理论和实践问题，充分体现了以人民为中心的发展思想，彰显了尊重生命、情系民生的执政理念，为新时代防灾减灾救灾工作指明了方向。

干旱灾害作为对湖南省影响最严重的气候灾害之一，给全省造成了严重的经济损失。作为农业大省，湖南粮食产量随干旱成灾程度轻重而上下波动，旱灾减产是水灾减产的2倍多。自有历史记载以来，湖南几乎年年发生干旱。根据气象数据分析，湖南气象干旱的高发区在衡邵丘陵区、沅江上游及中游山间盆地区、洞庭湖平原区；气象干旱低发区在雪峰山脉西侧、澧水上游、南岭山脉东部和湘东北区。

当前湖南省干旱灾害风险及防治区划一直未进行系统的划分和明确。开

展干旱灾害风险及防治区划是提升全省自然灾害防治能力的重要工作，可帮助积极主动预防和应对旱灾风险，切实推进全省干旱灾害风险管理进程。为系统开展这项工作，以全省123个县（市、区）（普查图层名录包含长沙国家高新技术产业开发区）为区划单元，采用典型调查与统计上报相结合的方法，收集整理县级行政区的水资源及供用水资料、历史旱情旱灾资料、蓄引提调等抗旱水源工程的相关资料和监测、预案、服务保障等抗旱非工程措施的相关资料。在此基础上，分析不同地区干旱灾害致灾因素，以县级行政区为单元统计分析干旱灾害风险分布特征，为干旱灾害风险评估及区划提供基础支撑。

1.3 区划的技术路线

风险是指灾害发生概率及其后果严重性的组合。更具体地讲，风险定义为由自然或人为诱发因素相互作用而造成的有害后果或预期损失发生的概率。

从灾害学的角度出发，一些学者认为自然灾害风险是自然力作用于承灾体的结果，可以表示成灾害危险性、物理暴露敏感性、承灾体易损性和区域防灾减灾能力的函数。借鉴相关研究思路，结合湖南省实际情况，基于灾损的干旱灾害风险评估及区划主要是先根据各地各类历史典型干旱灾害产生的损失的大小评估它们的风险等级，并通过计算各地灾害风险度，进而对每类灾害划分等级，再结合各地的承灾体易损性和区域防灾减灾能力，最后得到干旱灾害的风险区划和防治区划结果。

1.3.1 区划技术路线内容

本书编制中，气象数据来源于各级气象部门历史实测资料；水资源数据来源于各县（市、区）历年水资源公报及水利规划；水工程数据参考水利部门公开发布的资料及地方统计年鉴；历年旱灾数据来源于水旱灾害防御工作总结和抗旱预案。具体内容包括：

（1）基础资料

2017—2020 年水资源总量、地表水供水、地下水供水，居民生活、生产等供用水资料；现状（2020 年）蓄、引、提、调等抗旱水源工程，监测、预案、服务保障等非工程措施；现状（2020 年）城镇供水水源情况。

（2）灾害事件资料

1990—2020 年各次干旱灾害事件的发生时间、范围、农业和城镇等受灾及损失情况，以及历年实施的抗旱措施、投入人力物力、抗旱效果效益等。

1.3.2 区划技术路线遵循的步骤

具体技术路线遵循以下步骤：

1）收集全省各县（市、区）的干旱灾害致灾调查数据和历史干旱灾害数据等相关资料。

2）在基础资料的基础上，开展县（市、区）不同干旱频率下的水资源量分析、供水能力分析和旱灾影响分析，确定不同干旱频率下的农业干旱灾害风险等级、因旱人饮困难风险等级和城镇干旱灾害风险等级，得到不同干旱频率下的农业干旱灾害风险评估成果、因旱人饮困难风险评估成果和城镇干旱灾害风险评估成果。

3）在评估成果的基础上，计算分析确定农业干旱灾害风险区划和因旱人饮困难风险区划的等级标准，得到农业干旱灾害风险区划分布成果、因旱人饮困难风险区划分布成果和城镇干旱灾害风险区划分布成果。

4）基于风险区划成果，结合县（市、区）的历史干旱灾害、抗旱减灾能力、地形地貌、经济社会、产业布局和水资源分区等因素，得到干旱灾害防治区划成果。湖南省干旱灾害风险及防治区划技术路线见图 1.3-1。

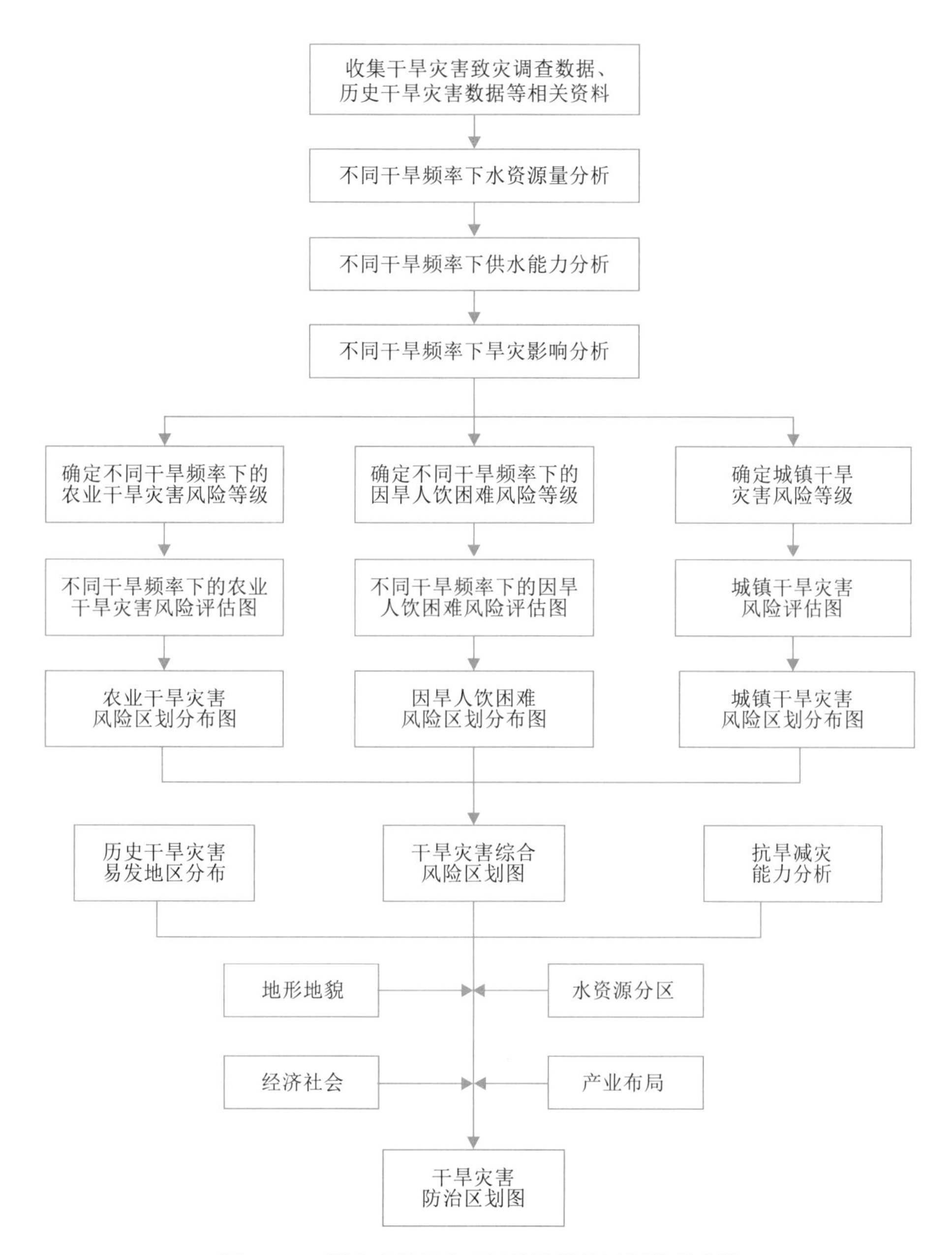

图 1.3-1 湖南省干旱灾害风险及防治区划技术路线

第2章 湖南省干旱灾害及防治现状

2.1 自然社会基本情况

2.1.1 自然地理基本情况

2.1.1.1 地理位置

湖南省位于长江中游以南，南岭山地以北，东经108°47′～114°15′，北纬24°38′～30°08′，东以幕阜、武功诸山系与江西交界，西以云贵高原东缘连贵州，西北以武陵山脉毗邻重庆，南枕南岭与广东、广西相邻，北以滨湖平原与湖北接壤。省界极端位置，东为桂东县黄连坪，西至新晃侗族自治县韭菜塘，南起江华瑶族自治县姑婆山，北达石门县壶瓶山。南北长774km，东西宽667km，土地面积211829km^2，约占全国土地总面积的2.21%。湖南省地图见图2.1-1。

2.1.1.2 地形地貌

湖南省地处云贵高原向江南丘陵和南岭山脉向江汉平原过渡的地带。在全国总地势、地貌轮廓中，属自西向东呈梯级降低的云贵高原东延部分和东南山丘转折线南端。东面有山脉与江西相隔，主要是幕阜山脉、连云山脉、九岭山脉、武功山脉、万洋山脉和诸广山脉等。山脉自北东西南走向，呈雁行排列，海拔大多在1000m以上。西面有北东南西走向的雪峰武陵山脉，跨地广阔，山势雄伟，成为湖南省东西自然景观的分野。北段海拔500～1500m，南段海拔1000～1500m。石门境内的壶瓶山为湖南省境最高峰，海拔2099m。湘中大部分为断续红岩盆地、灰岩盆地及丘陵、阶地，海拔在500m以下。北部是全省地势最低、最平坦的洞庭湖平原，海拔大多在50m

以下，谷花洲的海拔仅23m，是省内地面最低点。

图 2.1-1 湖南省行政区划

全省地貌是以山丘区为主的多种地貌类型，按地貌形态可分为平原、盆地、丘陵和山地四大类，各类面积占全省面积的比例分别为13.12％、13.88％、15.40％、51.21％，还有各类水域面积占6.39％。湖南省的地貌轮廓大体是：东、南、西三面环山，中部丘岗起伏，北部湖盆平原展开，沃野千里，形成了朝东北开口的不对称马蹄形地形。雪峰山自西南向东北贯穿省境中部，把全省分为自然条件差异较大的东、西两大部分。湖南省地形地貌情况见图 2.1-2。

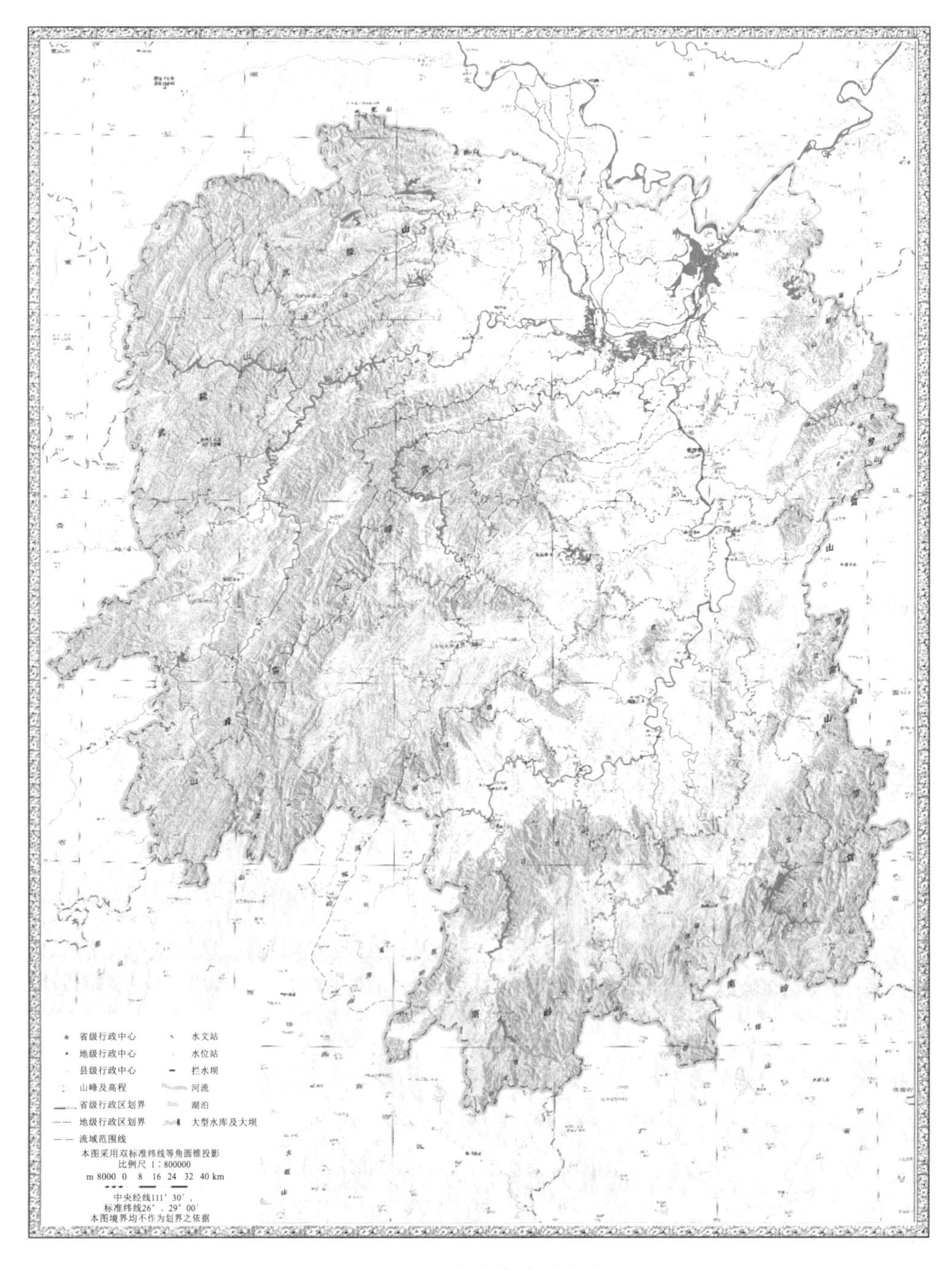

图 2.1-2　湖南省地形地貌

2.1.1.3 河流与湖泊

湖南省河流湖泊总体格局为“一江一湖四水四口”。省内河长 5km 以上河流 5341 条，其中湘江水系 2157 条，资水水系 771 条，沅江水系 1491 条，澧水水系 326 条，洞庭湖水系 432 条，其他水系 164 条。

全省流域面积 $10km^2$ 及以上河流合计 6067 条。全省流域面积 $50km^2$ 以上河流共计 1301 条，其中湘江水系 507 条，资水水系 161 条，沅江水系 305 条，澧水水系 82 条，洞庭湖水系 185 条，其他水系 61 条；流域面积 10～$50km^2$ 河流共计 4766 条，其中湘江水系 1861 条，资水水系 605 条，沅江水系 1137 条，澧水水系 330 条，洞庭湖水系 698 条，其他水系 135 条。

全省以长江流域洞庭湖水系为主。长江从华容县五马口流入，下至临湘市铁山咀流出，境内长江干流航道长度 163km。洞庭湖北纳松滋、太平、藕池、调弦（1958 年堵闭）四口分流长江来水，西、南汇湘资沅澧四水，东接汨罗江、新墙河，经调蓄后从东北城陵矶出口注入长江，湖泊面积 $2625km^2$，总容积 167 亿 m^3，多年平均入湖水量约 2700 亿 m^3。湖南省常年水面面积 $1km^2$ 及以上的湖泊有 156 个。湖南省河流湖泊水系情况见表 2.1-1，湖南省水系见图 2.1-3。

表 2.1-1　　湖南省河流湖泊水系情况

名称	河流条数			河流长度（km）	流域面积（km^2）
	河长 5km 以上（条）	流域面积 10～$50km^2$（条）	流域面积 $50km^2$ 以上（条）		
总　计	5341	4766	1301		
湘　江	2157	1861	507	947.8	94720.9
资　水	771	605	161	661.4	28210.5
沅　江	1491	1137	305	1052.7	89832.8
澧　水	326	330	82	406.6	10958.8
洞庭湖水系	432	698	185		
其他水系	164	135	61		

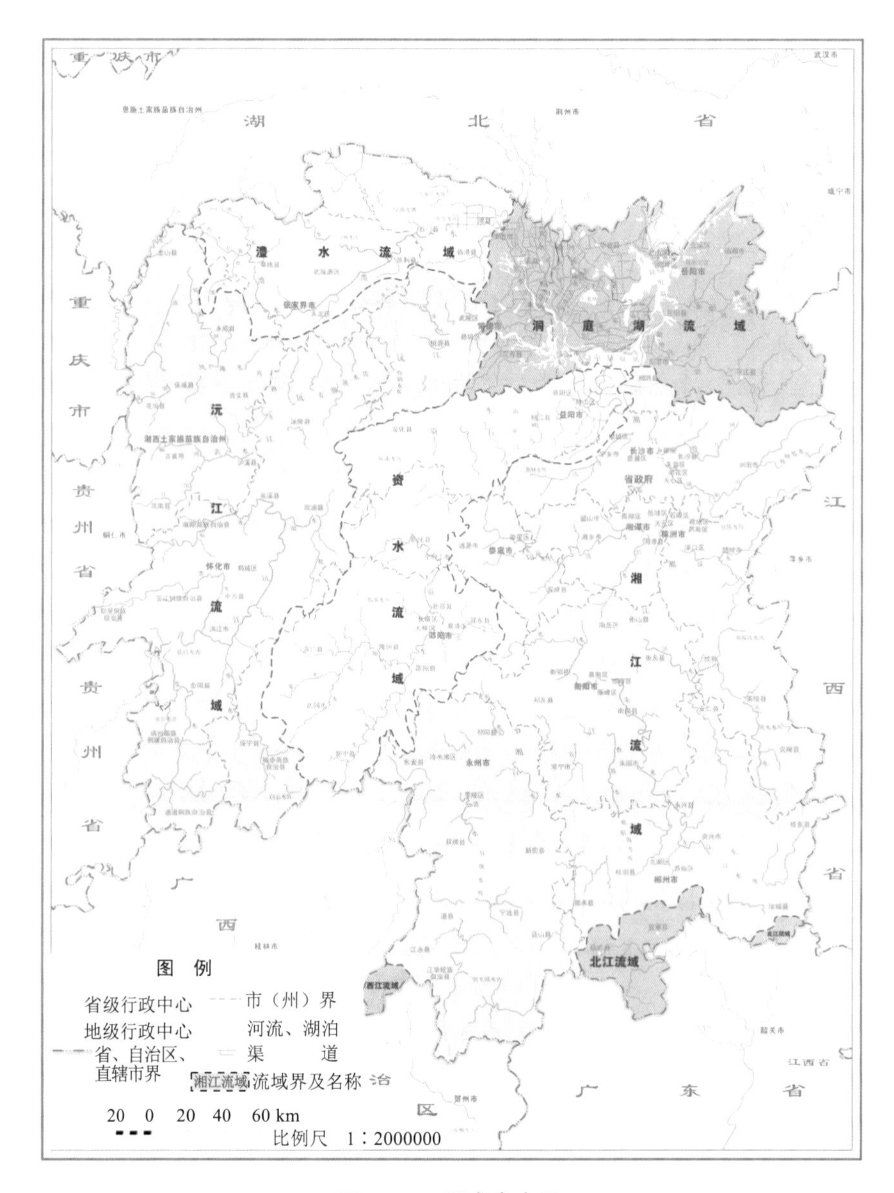

图 2.1-3 湖南省水系

2.1.1.4 气候

湖南省属亚热带季风湿润气候，四季分明，光热充足、降雨丰沛、雨热同期。根据全省各气象站资料统计，各地年平均气温在 16～19℃。冬季最冷月（1 月）平均气温在 4℃以上，日平均气温在 0℃以下的天数平均每年不到 10 天。春、秋两季平均气温大多在 16～19℃，秋季气温略高于春季气温。夏季平均气温大多在 26～29℃，衡阳一带可高达 30℃左右。湖南不但夏季时间长，暑热时间也长。平均气温大于或等于 28℃的暑热期，大部分地区一般自 6 月底或 7 月初开始，至 7 月底或 8 月上中旬结束，个别年份延至 9 月初，暑热期可达 1.5～2 个月。湘中的长沙、衡阳一带最热，日平均气温大于或等于 30℃的酷热天气，长沙每年平均有 28 天，衡阳有 33 天。一次酷热天气持续的时间，一般 10 天左右，湘中地区可达半个月。日最高气温大于或等于 35℃的日数，平均每年衡阳有 33 天，长沙有 26 天。

2.1.1.5 降雨

湖南省雨量丰沛，多年平均降水量 1450mm，雨水丰沛，但时空分布不均，各地年均降水量一般为 1200～2000mm，山地多雨，一般在 1600mm 以上；丘陵和平原区少雨，大部分地区在 1400mm 以下。同地区最大、最小年均降水量平均可相差 2 倍左右。一年中降水量明显地集中于一段时间内，这段时间称为雨季。雨季一般只有 3 个月，却集中了全年降水量的 50％～60％。湖南各地雨季起止时间不一，湘南一般为 3 月下旬（或 4 月初）至 6 月底，湘中及洞庭湖区为 3 月底（4 月上旬）至 7 月初，湘西为 4 月上中旬至 7 月上旬，湘西北至 4 月中旬至 7 月底。湖南省多年平均日极端降雨阈值空间分布情况见图 2.1-4。

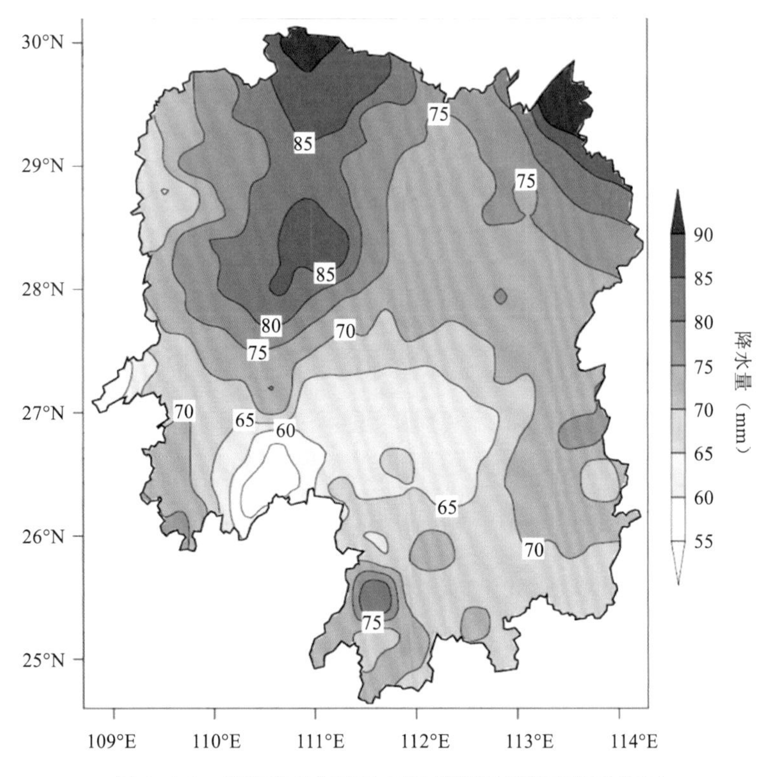

图 2.1-4 湖南省多年平均日极端降雨阈值空间分布图

2.1.1.6 蒸发

湖南省各地水面蒸发量变化范围530～900mm，其地域分布与降水量分布基本相似，但其高低值相反。以雪峰山为界，东部地区的蒸发量大于西部地区；南部地区的蒸发量大于北部地区，总的分布趋势是山丘小，丘陵和平原大。

2.1.1.7 径流

湖南省径流主要由降雨形成，全省多年平均入境水量1256亿m^3。全省年平均径流深变化范围为500～1500mm，其时空分布规律与降水量分布规律大体相似，降雨多的地区往往也是径流丰富的地区，一般是山区多于丘陵、平地。

2.1.1.8 水资源

湖南省多年平均（1956—2020年）降水量1450mm，折合水量3080亿m^3。全省多年平均水资源总量1695亿m^3，其中地表水资源量1688亿m^3，地下水资源量394亿m^3，两者重复计算量387亿m^3。水资源总量居全国第六位，人均占有量为2500m^3，略高于全国水平，具有一定的水资源优势。但由于时空分布不均，“水多、水少、水脏”的三个问题，仍然是全省经济社会发展的制约因素之一，季节性、地域性水旱现象也频繁发生。

全省可供经济社会开发利用水量675亿m^3，平均可利用率为39.8%。水资源可利用总量约为955亿m^3。洞庭湖平原区地下水资源可开采量为13.5亿m^3，可开采模数为12.4万m^3/km^2。根据《湖南省“十四五”水资源配置及供水规划》，2025年，湖南省用水总量指标应控制在355亿m^3左右；展望至2035年，全省用水总量指标应控制在360亿m^3以内。

随着“十四五”规划的陆续实施，近年来，湖南省各行业用水效率逐年提升，全省万元GDP用水量逐年下降，万元工业增加值用水量逐年下降，农田灌溉水有效系数逐年提升。2020年全省万元GDP用水量73.02m^3，万元工业增加值用水量46.87m^3，农田灌溉水有效利用系数0.535，低于全国平均值0.559。全省灌溉面积仅占耕地面积的75%，洞庭湖北部地区和衡邵娄干旱走廊是全省重旱区，仍有1400万亩耕地灌溉基础设施落后，湘西、湘南岩溶地区多发、易发插花式干旱，农业生产应对极端气候抗风险能力依然薄弱。

2.1.1.9 水利工程

根据湖南省水利厅最新发布的数据，湖南省境内已建成并运行的水库13737座，约占全国的1/7，其中大型水库（总库容不小于1亿m^3）50座，包括8座大（1）型水库（总库容10亿m^3以上）和42座大（2）型水库（总库容10亿m^3以下且不小于1亿m^3）；中型水库（总库容1亿m^3以下且不小于1000万m^3）366座；小（1）型水库（总库容1000万m^3以下且不小于100万m^3）2022座；小（2）型水库（总库容100万m^3以下且不小于10万m^3）11299座。全省境内共有塘坝1665077座，窖池48473座。

全省水闸（拦河闸及分洪闸）共3126座，按过闸流量划分，大（1）型28座，大（2）型142座，中型568座，小（1）型731座，小（2）型1657座。

全省拥有规模以上灌区（灌溉面积0.2万亩以上）2117处，其中大型灌区（灌溉面积30万亩以上）23处；重点中型灌区（灌溉面积5万～30万亩）159处；一般中型灌区（灌溉面积1万～5万亩）481处；小型灌区（0.2万～1万亩）1454处。

2.1.2 经济社会基本情况

湖南省辖13个地级市、1个自治州，共14个地级行政单位；68个县（其中7个自治县）、18个县级市、36个市辖区，共122个县级行政单位。根据湖南省统计局公布的数据显示，2020年末，全省常住人口为6644.49万人，其中城镇人口3904.62万人，乡村人口2739.87万人。全省总人口中，男性人口3399.32万人，女性人口3245.17万人，平均人口密度313.72人口/km^2。

2020年，湖南省地区生产总值为41781.49亿元，比2019年增长3.8%。按常住人口计算，人均地区生产总值62881.41元。全省地方一般公共预算收入3008.7亿元，其中税收收入2058亿元。

2.1.2.1 农业（第一产业）

湖南省的农业种植结构以水稻为主。2020年末，全省粮油作物种植面积8751.38万亩，经济作物种植面积4274.53万亩；全省水稻种植面积5956.7万亩，油菜种植面积2027.3万亩，蔬菜（含食用菌）种植面积

2087.2万亩，园林水果种植面积852.92万亩，其中柑橘种植面积为624万亩，玉米种植面积596.4万亩。

2.1.2.2 工业（第二产业）

湖南省的工业结构以传统型的冶金、机械、纺织、煤炭、建材、化肥、食品、电力等行业为主。2020年湖南省工业企业资产总计为31436.98亿元，同比增长9.9%；工业企业利润总额为2032.7亿元，同比增长8.7%。

2.1.2.3 服务业（第三产业）

湖南省第三产业以个体经营的中小型企业为主，发展持续向好。2020年湖南省批发和零售业增加值4054.4亿元，比上年增长0.6%；交通运输、仓储和邮政业增加值1561.0亿元，下降0.6%；住宿和餐饮业增加值827.4亿元，增长9.4%；金融业增加值2126.4亿元，增长8.3%；房地产业增加值2902.4亿元，增长4.1%；信息传输、软件和信息技术服务业增加值850.5亿元，增长20.9%；租赁和商务服务业增加值1230.8亿元，增长1.9%。全年规模以上服务业企业营业收入增长4.9%，利润总额下降18.9%。

湖南省交通便利，水陆空综合交通体系立体衔接、纵横交错、通江达海。省内主要有黄花、张家界、常德三个机场，南北方向有京广、焦柳铁路，东西方向有湘桂、湘黔、浙赣、石长铁路。还有醴陵—浏阳、郴州—嘉禾等地方铁路。有4条纵向、3条横向国道经过全省境内与70多条省道和县、乡（镇）公路相连接。2020年湖南省全年客货运输换算周转量3608.29亿t·km，比上年增加10.6%。货物周转量3262.7亿t·km，增长11.3%。其中，铁路周转量856.4亿t·km，增长0.1%；公路周转量1350.6亿t·km，增长2.6%；公路通车里程24.11万km，比上年末增长0.2%。

2.2 历史干旱灾害

2.2.1 历史干旱概况

据史料记载，湖南省从16世纪到新中国前的449年中，共发生大小农业旱灾350次，平均1.28年1次。1950—2003年（缺1949年资料）的54年中几乎年年都发生了不同程度的农业干旱灾害。其中，特大农业旱灾（成灾率大于或等于50%，粮食减产量大于或等于10万t）平均6年一遇，大旱灾（成灾率40%～49%，粮食减产量5.0万～9.9万t）平均4.5年一遇，中度旱灾（成灾率35%～39%，粮食减产量3.0万～4.9万t）平均3.6年一遇。频繁的干旱造成粮食产量上下波动。1950—2003年全省因受旱累计减产粮食436.9万t，平均每年减产粮食8.1万t，多年平均成灾率达到45.73%。其中以夏秋旱灾为主，占农业干旱灾害发生次数的86.1%；春旱灾害次之，占旱灾总发生次数的11.7%。

2.2.2 典型年干旱灾情

根据1990—2022年资料统计，全省平均每年干旱受灾面积达100万hm^2。旱灾几乎年年有，即使是大水年也同样会出现干旱。1963年、2003年、2013年和2022年为湖南省典型干旱年，下面将对这几年的旱灾特征进行说明。

2.2.2.1 1963年干旱

1963年，特大旱灾年。从1962年冬开始，全省雨水偏少，入春后降水量少，进而出现冬干春旱灾害。湘江流域4—6月降水量偏少4～5成，湘南、衡阳两地区从5月中旬开始夏旱，6月初蔓延至长沙及芷江等地，7—9月降水量更少。郴州、永州、衡阳、株洲、湘潭、长沙等市80%～96%的山塘干涸；蒸水、涓水、祁水3条主要一级支流断流或几乎断流，湘潭水文站年径流偏少多年平均值53%，流域受旱面积175.74万hm^2，占流域耕地面积的49%，粮食减产14.5%。

2.2.2.2 2003年干旱

2003年，全省性干旱（图2.2-1）。自6月中下旬开始，全省降雨分布不均。6月29日以来全省大部分时间维持在35℃以上高温天气，部分市县最高气温超过40℃，炎陵县突破41.6℃。长沙连续35℃以上高温时间达28d，创新中国成立以来历年同期最新纪录。8—9月，全省14个市（州）降雨绝大部分较历年同期均值偏少。部分市（州）偏少60%～90%。干旱期间，连续一个月以上无降雨站约30个，有的县（市、区）连续50多天没有明显降雨。

夏秋连旱，受旱持续时间长。据统计，全省共 14 个市（州）117 个县（市、区）2169 个乡镇受旱，受旱耕地面积达 2632 万亩，有 23232 个村民小组、234.75 万人、89.78 万头大牲畜饮水困难。全省因灾减产粮食 178 万 t，各类经济损失达 58 亿元，其中农业损失 33 亿元。

图 2.2-1　2003 年湖南省桂阳县、常宁市（从左至右）因干旱开裂的稻田

2.2.2.3　2013 年干旱

2013 年，全省性严重夏伏旱。干旱高峰期，全省农作物因旱成灾面积和粮食损失均为 2000 年以来均值的 2 倍以上，农村因旱饮水困难人口占全省总农村人口总数的近 1 成，因旱经济总损失达 221.55 亿元，群众生产生活、农业生产受到严重影响。结合监测资料的统计分析，共 6 项指标均超过 1951 年有气象资料记录以来的极值。

（1）平均降水量少

6 月 1 日至 8 月 14 日，全省平均降水量仅 39.4mm，较历年同期均值偏少 78.7%，为新中国成立以来同期降水量最少。其中，娄底、湘潭、邵阳、衡阳 4 市降水不到 15mm，较历年同期均值偏少 9 成以上，35 个县（市、区）降水不到 5mm。

（2）连续无雨日数多

全省平均无雨日达 41d，为 1951 年以来历史同期之最，部分站点从 6 月中旬开始近两个月无有效降雨，新宁县迴龙寺站连续 62d 无有效降雨。

（3）高温持续时间长

7 月 1 日至 8 月 19 日，全省平均超过 35℃的高温日数（35.1d）、高温最长持续时间（48d，衡山、长沙）、单日40℃以上的高温范围和强度均破1951年以来历史同期最高纪录，其中58个县（市、区）高温持续时间破当地历史同期最长纪录。

（4）极端气温高

慈利县8月11日出现全省最高气温43.2℃，位居1951年来全省历史极端最高气温的第三位；桃源、花垣、慈利等33县（市）极端最高气温破当地历史最高纪录。

（5）高温面广

有94个县（市）先后出现35℃以上高温、57个县（市）出现40℃以上高温；8月10日，41个县（市）同时出现40℃以上的高温，破历史纪录。

（6）蒸发量大

6月1日至8月14日，全省实测累计蒸发量234.2mm，较历年同期均值173.4mm偏多35.1%，超过历史同期最高纪录。

2013年湖南省双峰县井字镇干涸的涓水河、溆浦县抗旱分队寻找水源见图2.2-2。

（a）涓水河

（b）溆浦县

图2.2-2　2013年湖南省双峰县井字镇干涸的涓水河、溆浦县抗旱分队寻找水源

从6月下旬开始，全省大部分地区出现持续晴热高温少雨天气，降雨严重偏少，为新中国成立以来同期雨量最少年份，四水部分一级或二级支流出现断流或创历史新低水位。受蓄水不足和江河来水偏枯影响，6月底至7月上旬，湘中及其以南部分地区开始出现轻度以上干旱。至7月底，旱区进一步扩大至湘中及湘南、湘西大部分地区，衡阳、邵阳、娄底、长沙、湘潭、株洲、永州、怀化、湘西等市（州）出现了中度以上干旱，部分地区出现了重度干旱。8月中旬初，全省约1700万 hm^2 面积出现不同程度的干旱，湘中及湘西南大部约1400万 hm^2 为中度以上干旱，衡阳、邵阳、娄底、长沙、湘潭、株洲、怀化等市（州）约500万 hm^2 为重度干旱，其中约150万 hm^2 发生了特大干旱。8月14日，旱情达到最大值，全省农作物受旱面积144.47万 hm^2，因旱饮水困难人口330万人、大牲畜106万头。

2.2.2.4 2022年干旱

2022年，全省性严重夏秋冬连旱。2022年7月8日雨季结束后，长江流域出现历史罕见的持续性晴热高温少雨天气，湖南省发生1961年有完整记录以来最严重的“夏秋冬连旱”。按照气象水文干旱等级划分，属于特旱年；按照旱灾等级划分标准评价，全省属于重度干旱灾害年，具有以下特点：降雨特别少，7月8日至11月30日，全省累计降水量仅179mm，较多年同期均值偏少64%，为历史同期最少，衡阳、衡南及耒阳等地连续无有效降雨日数长达133d；河湖水位特别低，高峰期，39处河道站水位接近或低于历史同期最低水位，洞庭湖城陵矶站自8月9日起持续低于历史同期最低水位，最低水位为19.12m，而且101条流域面积50km^2以上河流断流，藕池河康家岗断流158d，超历史同期纪录；高温时间特别长，持续长达50多天，35℃以上高温日数达55.3d，为历史同期第一位；多地高温最长持续时间平或破当地历史极值。全省平均气温26.3℃，较常年同期偏高2.1℃，为历史同期第一位。蒸发量特别大，全省累计平均水面蒸发量为486.8mm，较多年同期均值偏多30%，另外全省日平均蒸发量最大达到5.9mm，其中点蒸发量最大达10.2mm；耗水量特别大，晴热高温导致用水增加，日均耗水1亿 m^3，高峰期日均耗水3.5亿 m^3，最多时全省有770多座小型水库、12万余口山塘干涸；气象水文干旱特别重，高峰期，全省所有县（市、区）均达到重度以上气象干旱、113个县（市、区）特旱；全省中度、重度、特大水文干旱分别占全省面积的99%、94%、68%。7—10月，洋面上生成多个台风，但对全省影响较小。

据统计，2022年全省农作物累计受旱面积1148万亩，其中受灾面积

711.7 万亩、成灾面积 319.9 万亩、绝收面积 58.2 万亩，因旱造成粮食损失 28.5 万 t、7.5 亿元，其他行业直接经济损失 9.8 亿元；全年有 46.7 万农村人口、12.8 万头大牲畜因旱发生饮水困难。全省农作物成灾面积为 1999 年以来多年均值的 40.2%，因旱造成粮食损失为多年均值的 15%，因旱饮水困难人口约占全省农村总人口的 1%。2022 年湖南省洞庭湖区干旱现场见图 2.2-3。

图 2.2-3　2022 年湖南省洞庭湖区干旱现场

2.3　干旱灾害防治现状

2.3.1　抗旱工程措施

水利工程是抗旱减灾的基础。统计至 2020 年底，湖南省境内蓄、引、提、调、水井及其他水源工程的供水能力为 528.25 亿 m^3。全省共有已建成水库 13737 座，现状供水能力约 255.48 亿 m^3。其中，大型水库 50 处，总库容 373.46 亿 m^3；中型水库 366 处，总库容 100.24 亿 m^3；全省已建成塘坝 1665077 座，窖池 48473 座，现状供水能力 77.60 亿 m^3；全省河湖引水工程现状供水能力 73.15 亿 m^3；河湖取水泵站现状供水能力约 74.16 亿 m^3；机电井工程供水能力约 15.29 亿 m^3；非常规水源利用工程供水能力约 13.33 亿 m^3。

全省城乡供水工程共 3340155 处，年设计供水量约 85.94 亿 m^3；城乡供水工程设计受益人口 8476.35 万人，其中城乡集中式供水工程设计受益人口 7464.68 万人，设计年供水量 78.77 亿 m^3；农村分散式供水工程受益人口 1011.67 万人，设计年供水量 7.17 亿 m^3。

全省拥有大型灌区（灌溉面积30万亩以上）23处，设计灌溉面积960.3万亩，总有效灌溉面积793.8万亩；重点中型灌区（灌溉面积5万～30万亩）159处，设计灌溉面积1376.7万亩，有效灌溉面积1011.6万亩；一般中型灌区（灌溉面积1万～5万亩）481处，设计灌溉面积982.4万亩，有效灌溉面积708.6万亩；小型灌区（0.2万～1万亩）1454处，设计灌溉面积606.9万亩，有效灌溉面积480.9万亩。

通过“蓄、引、提、调、连”等措施优化水资源配置，特别是在发生严重干旱时，通过发挥大型骨干水利工程跨流域调水的作用，实现跨区域的水量科学调度，有效保障城乡居民生活、工农业生产和生态用水安全。督促各地储备必要的抗旱物资设备，增强防旱抗旱技术力量；必要时，组织开展“千名水利干部到田间”行动，分灌区、分水厂指导防旱抗旱。根据干旱发展情况，及时提请相关部门开展应急送水、人工增雨作业和节水限水等措施。

2.3.2 抗旱非工程措施

防旱抗旱非工程措施主要包括抗旱组织机构、政策法规、抗旱服务组织、抗旱预案、抗旱指挥调度系统建设和旱情监测等方面。

湖南省建立了行之有效的省、市、县三级抗旱指挥体系，完善了以行政首长负责制为核心的水旱灾害防御责任制。随着抗旱条例等法律法规的颁布实施，以及水旱灾害防御非工程措施的不断完善，湖南省编制完成了一湖四水及其主要支流的抗旱预案等，初步形成了相应的法规预案体系。

截至2020年底，湖南省建成了连接国家、流域和全省14个市（州）、122个县（市、区）的水旱灾害防御视频会商系统，部分地区还延伸到乡镇、社区；建立健全了全省旱灾旱情实时在线统计报送制度；收集实时旱情，按照水旱灾害统计报表制度的规定逐级上报受旱情况，遇旱情急剧发展时及时加报。

经过多年建设，湖南省初步形成了以一湖四水及其主要支流、重要水利工程水文控制站网为骨干，261条重点中小河流水文测报、重点地区土壤墒情监测站点为补充的旱情监测预报预警体系。对水雨情、水库、塘坝、河道、湖泊蓄水、地下水、墒情和蒸发量进行实时监测统计，并结合天气预报预测未来5～7d的水情、墒情、旱情发展趋势，定期报同级抗旱指挥机构。旱情监测预警中的信息主要包括：干旱发生的时间、地点、程度、受旱范围、影响人口、土壤墒情、蓄水和城乡供水情况；灾害对城镇供水、农村人畜饮用水、农业生产、工业生产、林牧渔业、水力发电、内河航运、生态环境等方面造成的影响。

此外，水利部门积极组织开展防旱抗旱工作培训演练，利用各种宣传手段，加大防旱抗旱有关工作宣传力度，不断提高和加强全民的干旱灾害防范意识。

2.3.3 抗旱物资储备

抗旱物资储备是抗旱工作开展的重要保障。根据目前掌握的资料，全省各地配置挖掘机113台，打井机143台，水泵9259台，净水设备70套等，物资价值29090万元；全省砂卵石、块石储备点储备砂卵石162.96万m^3（未计省直管沅江仓库6.50万m^3），块石40.40万m^3，省级储备占16.10%；全省各地设有仓库406座，库区面积18.54万m^2，见表2.3-1。

表2.3-1　　防汛抗旱物资仓库信息汇总

序号	市州（县、市、区）	库区面积（m^2）	库房数量（座）	库房间数（间）	库房总面积（m^2）	备注
1	全省	185432.3	406	881	68569.5	
2	长沙市	39076.3	41	89	12784.4	
3	株洲市	17425.5	33	49	5254.2	
4	湘潭市	13086.0	24	53	3165.0	
5	岳阳市	55842.0	73	234	17317.0	含中央
6	常德市	11625.0	21	60	3761.4	
7	益阳市	6924.0	17	36	3622.0	含省直
8	衡阳市	11085.0	16	45	4435.0	
9	邵阳市	2983.0	23	42	2777.0	
10	永州市	2086.0	26	40	2536.0	
11	郴州市	5534.0	81	98	4754.0	
12	怀化市	3996.0	14	40	2810.0	
13	娄底市	1410.0	10	18	1450.0	
14	湘西州	13203.5	19	65	2947.5	
15	张家界市	1156.0	8	12	956.0	

第3章　干旱灾害风险及防治区划技术方法

干旱灾害和人类社会相伴相生，是整个社会可持续发展的关键性难题。随着人类社会对减轻干旱灾害损失愿望的日益强烈，干旱灾害的风险管理模式应运而生，而干旱灾害风险与防治区划是开展风险管理的重要基础和关键环节。

3.1　干旱灾害风险评估

根据灾害类型，干旱灾害风险评估划分为农业干旱灾害风险评估、因旱人饮困难风险评估和城镇干旱灾害风险评估。掌握基本评估单元在不同干旱频率下不同类型干旱灾害的影响，获得地区干旱灾害风险严重程度及其空间分布情况，进而积极主动预防和应对风险，切实推进干旱灾害风险管理。

3.1.1　实施原则

一般情况，干旱灾害风险评估要遵循下列原则：

3.1.1.1　客观性原则

干旱灾害风险评估是为了干旱风险治理以及防灾减灾的需要，而客观的评估直接影响着防灾减灾方案的科学性和防灾减灾决策的正确性。客观性是科学研究的基础，在风险评估过程中尽量避免主观思想，按照客观事实进行评估。

3.1.1.2　科学性原则

根据干旱灾害风险发生的客观规律性来识别区域风险，找出灾害风险存在的客观条件、诱发因素、发展趋势，然后预测其可能产生的后果，并由此制定科学的防灾减灾方案和措施。

3.1.1.3 评估指标系统性原则

系统性选取指标，是干旱灾害风险评估的关键环节，因为它直接决定干旱灾害风险评估结果的正确性。评估指标要系统地反映风险因素，评估指标的系统、全面、简明、正确、具有可操作性，是评估的基础，否则评估结果就没有任何意义。

3.1.1.4 评估方法合理性原则

干旱灾害风险评估方法很多，每一种方法都有自己的优缺点，需要根据灾害自身的特点，选择科学合理的评估方法。在对各类评估方法全面了解的基础上，科学分析各类方法的原理、特点、需要的参数等，然后选择比较合理的、能够解决当前问题的方法。

3.1.1.5 可操作性原则

干旱灾害风险评估方法必须与现有的资料相配套，或者是在现有资料的基础上，选择合适的评估方法，具有可操作性。

3.1.1.6 评估过程的规范性原则

规范的评估过程是评估结果客观性和正确性的前提条件。干旱灾害风险评估要遵循评估的流程和原则，符合评估规范，这样评估结果才科学可信。

3.1.2 干旱灾害风险评估方法

3.1.2.1 不同干旱频率下的水资源量计算

基于全省各县级行政区历年水资源公报、统计年鉴及抗旱规划资料，以年为单位统计长系列水资源量数据。采用 Excel 或 Matlab 软件自带的 Rank 或 Sort 函数以降序的方式对经验水资源量进行排序，并计算相应经验累积频率。应用 Excel 或 Matlab 软件自定义或内嵌的 P-Ⅲ曲线适线拟合公式进行拟合，并进一步结合曲线图查算各县（市、区）5 年一遇（75%来水频率）、10 年一遇（90%来水频率）、20 年一遇（95%来水频率）、50 年一遇（97%来水频率）、100 年一遇（99%来水频率）不同干旱频率下的水资源量理论值。

以益阳市安化县为例，根据安化县1990—2020年水资源量数据计算，其曲线拟合结果见图3.1-1。通过进一步查算，可得到不同典型干旱频率下的水资源量理论值，见表3.1-1。

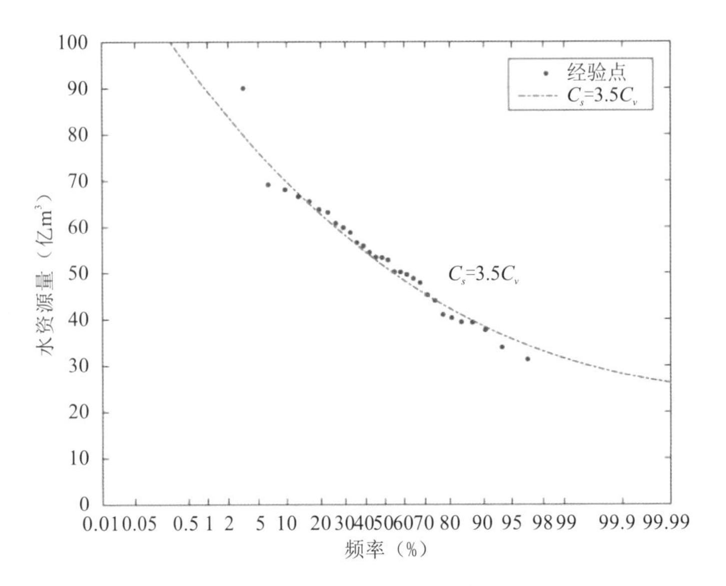

图3.1-1 水资源量P-Ⅲ曲线拟合

表3.1-1 **安化县不同干旱频率下的水资源量**

省级行政区	市级行政区	县级行政区	干旱频率	典型年	典型年选择依据	计算水资源量（亿 m³）
湖南省	益阳市	安化县	5年一遇	1991	水资源总量/受灾率	43.98
			10年一遇	2007	水资源总量/受灾率	38.55
			20年一遇	2001	水资源总量/受灾率	35.81
			50年一遇	1992	水资源总量/受灾率	34.23
			100年一遇	2003	水资源总量/受灾率	31.63

3.1.2.2 不同干旱频率下的供水能力分析

结合《湖南省抗旱规划报告（2009版）》以及各县（市、区）水安全规划、水安全保障规划等资料，针对设计供水能力资料的完备性与否，具体开展不同干旱频率下的供水能力分析计算；当供水水源工程有设计供水能力资料时，可根据设计供水能力等相关参数，计算出现状年不同干旱频率下的供水能力；在供水水源工程缺乏设计供水能力资料时，考虑水源类型、水源结构等因素，折算出现状年不同干旱频率下的供水能力。

以益阳市安化县为例，安化县多年平均水资源量为509200万m^3，其中地表水资源量509200万m^3，地下水可开采量27500万m^3（重复计算量27500万m^3）。多年平均可供水量39758万m^3，需水量27591万m^3。

针对现状年2020年，安化县水资源供需平衡成果见表3.1-2。

表3.1-2　　安化县水资源供需平衡成果

频率			多年平均	75%	90%～95%	97%
可供水量（万m^3）	地表水源工程	蓄水	20647	19620	17340	14480
		引、提水	13739	13154	13247	11438
		调水	/	/	/	/
		小计	34386	32774	30587	25918
	地下水源工程		4024	3999	3765	4396
	其他水源工程		1348	1348	1375	1525
	总量		39758	38121	35727	31839
需水量（万m^3）	生活	城镇	1899	1899	1899	1899
		农村	2777	2777	2777	2777
		小计	4676	4676	4676	4676
	生产	农业	19389	21543	23792	25173
		工业	3526	3526	3526	3526
		小计	22915	25069	27318	28699
	生态补水量		/	/	/	/
	总量		27591	29745	31994	33375
余缺水量（万m^3）			12167	8376	3733	－1536

由表3.1-2可知，安化县干旱风险在50年一遇以上的年平均缺水量为1536万m^3。显然，在现有水利设施的基础上，安化县干旱风险在50年一遇以上的年份水量平衡均不满足要求。

3.1.2.3　不同干旱频率下的影响分析

基于各县级行政区单元1990—2020年旱情旱灾统计数据，逐年进行历史旱灾影响分析，通过典型年法获取各县级行政区不同干旱频率下（5年一遇、10年一遇、20年一遇、50年一遇、100年一遇）的历史旱灾影响。其中农业主要选择农业受灾率（即受灾面积占播种面积的比例）为指标，人饮主要选择因旱人饮困难率（即因旱饮水困难人口占农村人口的比例）为指标。指标计算方法如下：

$$I_d = \frac{A_d}{A} \times 100\%$$

式中，I_d——农业因旱受灾率，%；

A_d——因旱受灾面积，hm^2；

A——农作物播种面积，hm^2。

$$P_d = \frac{N_d}{N_p} \times 100\%$$

式中，P_d——因旱人饮困难率，%；

N_d——因旱饮水困难人口；

N_p——农村总人口。

同时考虑到随着水利工程建设，各地供水能力均有所提升，同一干旱频率下的影响随之减轻，为此需要建立不同干旱频率下现状年旱灾影响与历史典型年旱灾影响之间的关系。通过分析不同干旱频率下现状年供水与历史典型年供水能力的差异，确定干旱灾害影响折算系数。干旱灾害影响折算系数计算公式如下：

$$K_p = \frac{x + w_i}{x + w_{status}}$$

式中，K_p——影响折算系数；

x——典型年对应的水资源量；

w_i——第 i 年大中型水库蓄、调水量；

w_{status}——现状年大中型水库蓄、调水量。

在确定影响折算系数的基础上，计算现状年不同干旱频率下（5 年一遇、10 年一遇、20 年一遇、50 年一遇、100 年一遇）的旱灾影响。

以益阳市安化县为例，采用以上公式可得到安化县历年干旱灾害影响折算系数，折算系数均在 0.99 以上，接近于 1。安化历史典型年和现状年由供水能力差异造成的影响较小，基本可以忽略。

由此，可进一步计算在现状年不同干旱频率下的旱灾影响。安化县农业旱灾及人饮困难计算结果分别见表3.1-3、表3.1-4。

表3.1-3　　安化县现状年不同干旱频率下的农业旱灾影响

干旱频率	5年一遇	10年一遇	20年一遇	50年一遇	100年一遇
农业受灾率（%）	4.66	10.08	14.49	14.52	14.76

表3.1-4　　安化县现状年不同干旱频率下的人饮困难情况

干旱频率	5年一遇	10年一遇	20年一遇	50年一遇	100年一遇
人饮困难率（%）	2.98	7.01	8.19	10.80	12.20

3.1.2.4　干旱灾害风险等级确定

（1）农业干旱灾害风险等级确定

将全省各县级行政区现状年不同干旱频率下（5年一遇、10年一遇、20年一遇、50年一遇、100年一遇）的农业受灾率作为一个整体样本，采用百分位数法，将农业干旱灾害风险等级划分为高风险、中高风险、中风险、中低风险、低风险5个等级（表3.1-5）。

具体而言，将全省各县级行政区不同干旱频率下的农业受灾率按其数值从小到大顺序排列，并进行100等分。在第P个分界点上的数值，称为第P个百分位数。在第P个分界点到第$P+1$个分界点之间的数据，称为处于第P个百分位数。百分位数的计算公式如下：

$$P_x = L + \frac{\frac{x}{100} \times N - F_h}{f} \times i$$

式中，P_x——第x个百分位数；

N——总频次；

L——P_x所在组的下限；

f——P_x所在组的次数；

F_h——小于L的累积次数；

i——组距。

表 3.1-5　　农业干旱灾害风险等级划分标准

风险等级	低	中低	中	中高	高
百分位数	*P*≤50％	50％＜*P*≤65％	65％＜*P*≤80％	80％＜*P*≤95％	*P*＞95％

统计全省各县级行政区单元现状年不同干旱频率下（5 年一遇、10 年一遇、20 年一遇、50 年一遇、100 年一遇）的农业受灾率，并通过百分位数计算分析，湖南省农业干旱灾害风险等级划分标准成果见表 3.1-6。根据各县级行政区单元现状年不同干旱频率下的农业受灾率查阅该表，即可得出该单元所属风险等级。

以益阳市安化县为例，安化县农业干旱灾害风险等级结果见表 3.1-7。

表 3.1-6　　湖南省农业干旱灾害风险等级划分标准

农业受灾风险等级	低（*P*≤50％）	中低（50％＜*P*≤65％）	中（65％＜*P*≤80％）	中高（80％＜*P*≤95％）	高（*P*＞95％）
阈值区间	≤12.78％	(12.78％，16.67％]	(16.67％，22.68％]	(22.68％，37.01％]	＞37.01％

表 3.1-7　　安化县现状年不同干旱频率下的农业干旱灾害风险等级

干旱频率	5 年一遇	10 年一遇	20 年一遇	50 年一遇	100 年一遇
风险等级	低	低	中低	中低	中低

（2）因旱人饮困难风险等级确定

将全省各县级行政区现状年不同干旱频率下（5 年一遇、10 年一遇、20 年一遇、50 年一遇、100 年一遇）的因旱人饮困难率作为一个整体样本，采用百分位数法，将因旱人饮困难风险等级划分为高风险、中高风险、中风险、中低风险、低风险 5 个等级（表 3.1-8），具体计算方法同农业干旱灾害风险等级计算方法。

表 3.1-8　　因旱人饮困难风险等级划分标准

风险等级	低	中低	中	中高	高
百分位数	*P*≤50％	50％＜*P*≤65％	65％＜*P*≤80％	80％＜*P*≤95％	*P*＞95％

统计全省各县级行政区单元现状年不同干旱频率下的因旱人饮困难率，并通过百分位数计算分析，得到湖南省因旱人饮困难风险等级划分标准成果（表 3.1-9）。根据各县级行政区单元现状年不同干旱频率下的因旱人饮困难率查阅该表，即可得出该单元所属风险等级。

表 3.1-9　　湖南省因旱人饮困难风险等级划分标准

人饮困难风险等级	低（*P*≤50%）	中低（50%＜*P*≤65%）	中（65%＜*P*≤80%）	中高（80%＜*P*≤95%）	高（*P*＞95%）
阈值区间	≤8.85%	(8.85%，15.17%]	(15.17%，25.03%]	(25.03%，38.39%]	＞38.39%

以益阳市安化县为例，安化县因旱人饮困难风险等级结果见表 3.1-10。

表 3.1-10　　安化县现状年不同干旱频率下的因旱人饮困难风险等级

干旱频率	5 年一遇	10 年一遇	20 年一遇	50 年一遇	100 年一遇
风险等级	低	低	低	中低	中低

（3）城镇干旱灾害风险等级确定

对城镇而言，城镇供水水源情况按照县（市、区）城镇是否有双水源、应急备用水源等情况进行区分，划分为两源一备、两源、一源一备、一源稳定、一源不稳定五类。同一条河流上的水库和引提水供给都可被独立视为一个水源；同时，结合县（市、区）人口、经济发展程度，按照地级市主城区、其他建制市（县级市）、一般县（一般县级行政区）三类进行划分，不同类型县（市、区）的城镇干旱灾害风险等级划分标准见表 3.1-11。最后，考虑各县（市、区）的实际情况，根据专家会商结果进一步修正风险等级。

表 3.1-11　　城镇干旱灾害风险等级划分标准

县区类型	水源状况				
	两源一备	两源	一源一备	一源稳定	一源不稳定
地级市主城区	低风险	中低风险	中风险	中高风险	高风险
其他建制市	低风险	低风险	中低风险	中风险	中高风险
一般县	低风险	低风险	低风险	中低风险	中风险

以益阳市安化县为例，根据调查得知，益阳市安化县为一般县，城镇水源供水格局为双水源供水，分别是红岩水厂的水源——红岩水库和城南水厂水源——辰溪，且有应急备用水源。因此，根据城镇干旱灾害风险等级划分标准（表 3.1-11），安化县城镇干旱灾害风险等级为低风险。

3.2 干旱灾害风险区划

干旱灾害风险区划是根据风险原理，以研究区域危险性评价和易损性评价为基础，建立干旱灾害风险评价，分类评估灾害区域差异性并对其空间范围进行区域划分，反映干旱灾害强度、频度、规模等特征的过程。干旱灾害风险区划的目的是揭示旱灾风险分布特征和空间区域差异，为各区域因地制宜制定防旱抗旱措施提供依据。开展湖南省干旱灾害风险区划工作，掌握湖南省不同区域农业、城镇、人饮等分类干旱灾害风险程度以及综合风险情况等，为编制省级干旱灾害防治区划奠定基础，为区域精准制定干旱风险防御措施提供科学依据。

3.2.1 实施原则

干旱灾害风险区划应遵循以下原则：

3.2.1.1 发生统一性原则

应用自然地域分异规律的一般原理，结合研究区的实际情况，说明该区内地域单元的基本特点是如何形成的。不同的区划级别，形成的原因和条件是不同的，即“发生”上的不相同。这是制定区划级别和进行逐级区划的根据。

3.2.1.2 相对一致性原则

划分出来的区域个体具有内部的相对一致性，这种相对一致性是指内部结构的一致性，内部地域分布与组合的一致性。

3.2.1.3 最小单元完整性原则

区划是对多来源、多空间单元信息的综合，主要有自然单元、社会经济单元、信息单元等。区划的信息综合技术过程，实质上就是不同类型单元的信息匹配过程。此次区划以县级行政区作为最小区划单元，保证单元边界完整性。

3.2.1.4 可操作原则

区划采用的基础数据应容易获取，区划方法成熟，计算过程高效可靠，区划结果需简明易懂易用。

3.2.2 干旱灾害风险区划方法

3.2.2.1 干旱灾害风险度计算

各县级行政区单元“风险度（R）”值，按以下公式计算：

$$R=\sum_{i=0}^{n}(p_i-p_{i+1})\left(\frac{L_i+L_{i+1}}{2}\right)$$

式中，p_i——干旱频率（如100年一遇时，p_i 取0.01）；

L_i——该计算单元对应 p_i 的影响（农业受灾率或因旱人饮困难率）。

风险度计算见图3.2-1。

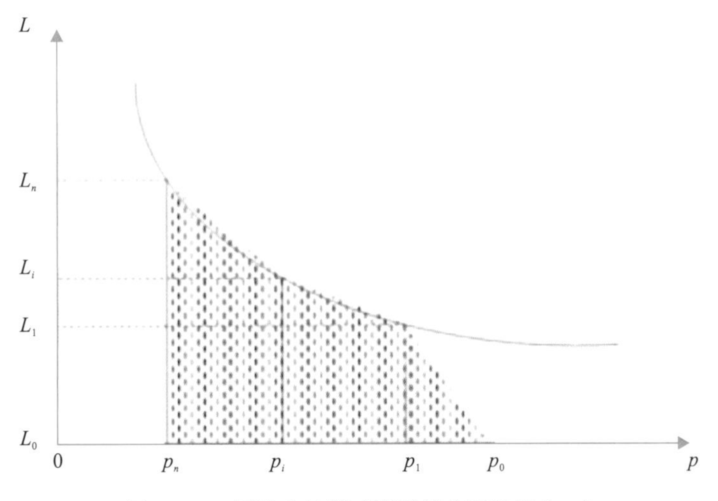

图3.2-1 风险度计算（阴影部分面积即为 R）

根据公式可计算得到各县级行政单元的农业干旱灾害风险度和因旱人饮困难风险度。以益阳市安化县为例，安化县的农业干旱灾害风险度为 $R_{农}=0.023$，因旱人饮困难风险度为 $R_{人}=0.0155$。

3.2.2.2 分类干旱灾害风险区划

（1）农业干旱灾害风险区划

以农业干旱灾害风险度为农业干旱灾害风险区划指标，基于全省各县级行政单元业干旱灾害风险度计算成果可划分为农业干旱灾害高风险区、中高风险区、中风险区、中低风险区、低风险区。具体而言，对农业干旱灾害风险度的极值（最大值与最小值之差）五等分，则等分间距可以表示为：

$$\Delta R=(R_{max}-R_{min})/5$$

式中，ΔR——区域内风险度等分间距；

R_{max}——区域内风险度的最大值；

R_{min}——区域内风险度的最小值。

令 $R_1=R_{min}+\Delta R$、$R_2=R_{min}+2\Delta R$、$R_3=R_{min}+3\Delta R$、$R_4=R_{min}+4\Delta R$，当 $R_4\leqslant R\leqslant R_{max}$ 时，判断为高风险区；当 $R_3\leqslant R<R_4$ 时，判断为中高风险区；当 $R_2\leqslant R<R_3$ 时，判断为中风险区；当 $R_1\leqslant R<R_2$ 时，判断为中低风险区；当 $R_{min}\leqslant R<R_1$ 时，判断为低风险区（表 3.2-1）。

经计算，农业干旱灾害风险度 $R_{max}=0.06546$、$R_{min}=0.000$，$\Delta R=0.012912$，$R_1=0.012912$，$R_2=0.025824$，$R_3=0.038736$，$R_4=0.051648$。

以益阳市安化县为例，根据安化县的农业干旱灾害风险度 $R_{农}=0.023$ 判定安化县农业干旱灾害风险区划为中低风险区。

表 3.2-1　　农业干旱灾害风险区划标准

风险度	$R_{min}\leqslant R<R_1$	$R_1\leqslant R<R_2$	$R_2\leqslant R<R_3$	$R_3\leqslant R<R_4$	$R_4\leqslant R\leqslant R_{max}$
风险区划	低风险区	中低风险区	中风险区	中高风险区	高风险区

（2）因旱人饮困难风险区划

以因旱人饮困难风险度为因旱人饮困难风险区划指标，将全省各县级行政单元因旱人饮困难风险度计算成果划分为因旱人饮困难高风险区、中高风险区、中风险区、中低风险区、低风险区。因旱人饮困难风险区划标准确定方法参照农业干旱灾害风险区划确定方法。

经计算，因旱人饮困难风险度 $R_{max}=0.0885$、$R_{min}=0.000$，$\Delta R=0.0177$，$R_1=0.0177$，$R_2=0.0354$，$R_3=0.0531$，$R_4=0.0708$。

以益阳市安化县为例，根据安化县的因旱人饮困难风险度 $R_{人}=0.0155$ 判定安化县因旱人饮困难风险区划为低风险区。

（3）城镇干旱灾害风险区划

城镇干旱灾害风险区划等级同城镇干旱灾害风险评估等级保持一致，如城镇干旱灾害风险评估为高风险，则城镇干旱灾害风险区划为高风险区；城镇干旱灾害风险评估为中高风险，则城镇干旱灾害风险区划为中高风险区；城镇干旱灾害风险评估为中风险，则城镇干旱灾害风险区划为中风险区；城镇干旱灾害风险评估为中低风险，则城镇干旱灾害风险区划为中低风险区；城镇干旱灾害风险评估为低风险，则城镇干旱灾害风险区划为低风险区。

以益阳市安化县为例，安化县的城镇干旱灾害风险评估等级为低风险，故安化县的城镇干旱灾害风险区划为低风险区。

3.2.2.3 干旱灾害综合风险区划

综合考虑农业、人饮、城镇的风险等级，按照最不利原则确定综合风险等级，即有一项风险等级为高，则判断综合风险等级为高，否则，有一项风险等级为中高则判断综合风险等级为中高，或有一项风险等级为中则判断综合风险等级为中，或有一项风险等级为中低则判断综合风险等级为中低，只有所有项风险等级为低才判断综合风险等级为低。在此基础上，采用聚类分析等技术绘制干旱灾害综合风险区划。

以益阳市安化县为例，安化县的农业干旱灾害风险为中低风险区，因旱人饮困难风险为低风险区，城镇干旱灾害风险为低风险区，按照最不利原则判定，安化县的干旱灾害综合风险为中低风险区。

3.3 干旱灾害防治区划

湖南省干旱灾害防治区划是在干旱灾害风险评估与区划的基础上，综合考虑重点隐患分级分布情况、防灾减灾能力及经济社会发展状况和综合减灾防治措施等因素，为湖南省防灾减灾战略及规划制定、蓄引提调等水利工程布局、社会经济发展规模及结构调整、国家抗旱投入方向等提供科学依据，也将为今后干旱灾害防治工作提供进一步的理论支持和技术支撑。

3.3.1 实施原则

一般情况下，干旱灾害防治区划应在遵循干旱灾害风险区划的原则上，同时遵循以下原则：

3.3.1.1 综合性原则

防治区划应充分考虑干旱灾害中多因素的危险性高低等级及其类型组合，反映出干旱灾害综合风险等级、综合减灾能力等级、综合承灾体隐患分类分级等区域特征。

3.3.1.2 区域内相似性和区域间差异性原则

综合考虑区域自然地理、气候条件和干旱特征，充分体现区域内相似性和区域间差异性，既要突出防治区划与干旱尺度上的关联，又要反映区域中干旱某一主要特征及主导因素。

3.3.1.3 以人为本的经济社会分析原则

干旱灾害是多种因素共同作用的结果，是干旱和人类活动所形成的叠加效应，是自然环境系统和社会经济系统在特定的时间和空间条件下耦合的特定产物。相同的干旱，发生在人口稠密、经济发达的地区和人烟稀少、经济落后的偏远地区，对经济社会的影响是不一样的，因此干旱灾害防治的重要性也不尽相同。以人为本综合分析区域经济社会特点，就是要在区划中着重考虑经济社会的分布，使区划成果能够为减轻干旱灾害的损失及其影响的规划、措施提供依据。

3.3.2 干旱灾害防治区划方法

3.3.2.1 干旱灾害防治一级区划

干旱灾害防治一级区划主要考虑历史干旱灾害影响的类型和特点，依据农业受旱情况、因旱人饮困难、历史特大干旱情况对各县级行政单元进行分析，得到干旱灾害易发地区分布图。通过组合分析各类特征线，以及结合各县（市、区）实际情况，按旱情旱灾的严重程度，将全省县（市、区）划分为严重受旱县、主要受旱县、一般受旱县和非受旱县。根据各县（市、区）

是否满足农业受旱情况、因旱人饮困难、历史特大干旱情况中条件的个数来判断防治一级区划等级，即满足其中任一项条件则判断为一般受旱县，同时满足其中任两项条件则判断为主要受旱县，满足所有三项条件则判断为严重受旱县，都不满足则判断为非受旱县。在此基础上，以县为单元绘制干旱灾害防治一级区划图。

3.3.2.2 干旱灾害防治二级区划

在一级区划的基础上，二级区划主要考虑干旱灾害风险区划成果和抗旱减灾能力等级评估结果，划分防治区划二级区，见表3.3-1。

表3.3-1　　干旱灾害防治区划二级区划

干旱灾害风险等级	抗旱减灾能力等级				
	低	中低	中	中高	高
低	一般防治区	一般防治区	一般防治区	一般防治区	一般防治区
中低	一般防治区	一般防治区	一般防治区	一般防治区	一般防治区
中	中等防治区	中等防治区	中等防治区	一般防治区	一般防治区
中高	重点防治区	重点防治区	中等防治区	中等防治区	中等防治区
高	重点防治区	重点防治区	重点防治区	中等防治区	中等防治区

区域抗旱减灾能力是指受旱区对干旱灾害的抵御和恢复程度，不仅包括应急管理能力、减灾投入资源准备等各种用于防御和减轻干旱灾害的管理对策及措施，也包括减灾投入的各种工程措施和非工程措施、资源准备、管理能力等，表示受灾区在短期和长期内能够从灾害中恢复的程度。抗旱减灾能力越高，资源设备越先进，管理措施越得当，管理能力越强，可能遭受的潜在经济损失就越小，干旱灾害的风险也就越小。抗旱减灾措施是人类社会，特别是风险承担者用来应对干旱灾害所采取的方针、政策、技术、方法和行动的总称，一般分为工程性防减灾措施和非工程性防减灾措施两类。工程性防减灾措施包括水库、灌区等水利工程；非工程性防减灾措施包括自然灾害监测预警、政府防灾减灾决策和组织实施水平以及公众的防灾意识和知识等方面。对于区域抗旱减灾能力的分析，可采用财政支出、旱涝保收面积比和非工程性防减灾措施等，包括应急预案指标、气象预警信号发布能力、政府

防灾减灾决策等多个因子。

根据相关研究，结合干旱灾害防灾减灾的特点，考虑不同干旱频率下的供水能力，在现有水利设施的基础上，分析现状年多年平均、不同干旱频率下的各县（市、区）的供水能力是否满足各县（市、区）的需水要求，进而得出各县（市、区）的抗旱减灾能力等级。如可以满足50年一遇以上干旱频率下的供水，则其抗旱减灾能力等级判断为高；如可以满足20年一遇以上干旱频率下的供水，则其抗旱减灾能力等级判断为中高；如可以满足10年一遇以上干旱频率下的供水，则其抗旱减灾能力等级判断为中；如可以满足5年一遇以上干旱频率下的供水，则其抗旱减灾能力等级判断为中低；如不能满足5年一遇以上干旱频率下的供水，则其抗旱减灾能力等级判断为低。

参照表3.3-1，根据县（市、区）的干旱灾害风险等级和抗旱减灾能力等级判定其所属的干旱灾害防治二级区划类型，并绘制全省干旱灾害防治二级区划图。

以益阳市安化县为例，安化县的干旱灾害风险等级为中低风险；根据安化县的水资源供需平衡成果表（表3.1-2）可知，安化县的抗旱减灾能力等级为中高。参照表3.3-1判定安化县的干旱灾害防治区划为一般防治区。

3.4 干旱灾害权重分析法

进一步采用熵权法分析各类因子对干旱灾害综合风险区划和干旱灾害防治区划的影响程度。熵权法（Entropy Weight Method）是一种多属性决策分析方法，主要用于确定若干属性间的权重。该方法基于信息熵的概念，将属性权重的确定视为一个信息熵最小化的问题。熵权法通过确定若干属性和对应的属性值，然后对每个属性进行打分，形成决策矩阵。

1）将每个属性在决策矩阵中的得分归一化处理，使得它们在同一数量级内。假设给定了 m 个指标：

$$X_1, X_2, \cdots, X_m$$

式中，$X_i=\{x_1, x_2, \cdots, x_n\}$，表示有 n 个样本。假设对各指标数据标准化后的值为：

$$Y_1，Y_2，\cdots，Y_m$$

式中，Y_{ij} 表示如下：

$$Y_{ij}=\begin{cases}\dfrac{X_{ij}-\min(X_j)}{\max(X_{ij})-\min(X_j)} & \text{（正向指标时）}\\ \dfrac{\max(X_j)-X_{ij}}{\max(X_{ij})-\min(X_j)} & \text{（负向指标时）}\end{cases}$$

2）对于每个属性，计算出其在决策矩阵中的分布概率，然后根据公式计算出信息熵值。其中，第 i 个样本在第 j 个指标下的指标比重（变异大小）如下：

$$p_{ij}=\frac{Y_{ij}}{\sum_{i=1}^{n}Y_{ij}}\quad(i=1，\cdots，n；j=1，\cdots，m)$$

进一步计算各指标的信息熵，根据信息熵的定义，可知一组数据的信息熵为：

$$E_j=-\ln(n)^{-1}\sum_{i=1}^{n}p_{ij}\ln p_{ij}$$

式中，$E_j\geqslant 0$。若 $p_{ij}=0$，定义 $E_j=0$。

3）并根据指标的信息熵值和熵权法公式计算出每个指标的权重。

$$w_j=\frac{1-E_j}{k-\sum E_j}\qquad(j=1，2，\cdots，m)$$

式中，k——指标个数，即 $k=m$。

需要注意的是，熵权法存在一些局限性，比如当属性数目过多时，计算复杂度会大幅增加，同时该方法对于属性之间存在较强相互作用的情况也不适用。从总体上看，熵权法是一种简单而有效的多属性权重确定方法，适用于需要快速确定属性权重的决策问题。

第4章 湖南省干旱灾害风险及防治区划成果分析

4.1 农业干旱灾害风险评估及区划

4.1.1 农业干旱灾害风险评估成果统计分析

湖南省农业干旱灾害风险评估成果统计见图4.1-1。在开展风险评估的过程中，以不同干旱频率下的农业受灾率作为一个整体来进行等级划分，必然能够保证随着干旱频率降低（干旱重现期增大），各县（市、区）的农业干旱风险评估等级总是呈上升趋势。据此，对全省123个县（市、区）（含长沙国家高新技术产业开发区）而言，随着干旱频率的降低，判定为低风险区的县（市、区）的个数逐渐减少，而判定为中高风险区、高风险区的县（市、区）的个数逐渐增加，判定为中低风险区、中风险区的县（市、区）的个数则主要呈现先增长后减小的正态分布特征。

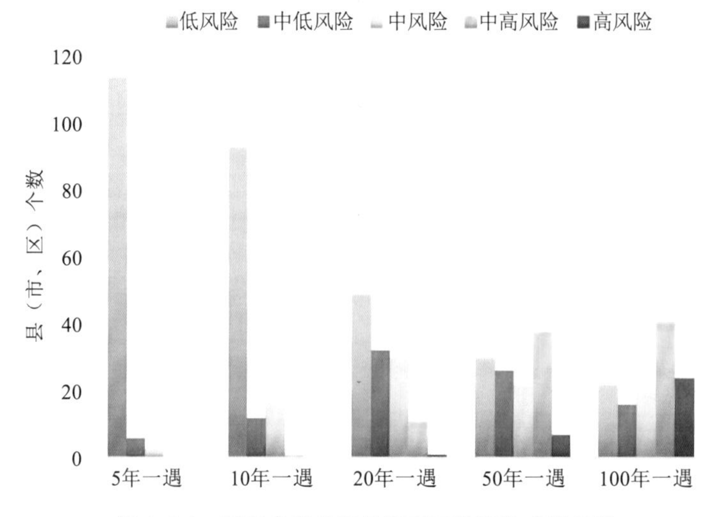

图4.1-1　湖南省农业干旱灾害风险评估成果统计

全省 5 年一遇的农业干旱灾害风险评估分布见附图 1。其中，农业干旱灾害风险为低风险的县（市、区）有 114 个；中低风险的县（市、区）有 6 个；中风险的县（市、区）有 3 个，分别是涟源市、武陵源区和永定区。

全省 10 年一遇的农业干旱灾害风险评估分布见附图 2。其中，农业干旱灾害风险为低风险的县（市、区）有 93 个；中低风险的县（市、区）有 12 个；中风险的县（市、区）有 17 个，主要分布在湘西北、湘中和湘南地区，湘西北的干旱区域主要在张家界市，湘中的干旱区域主要在娄底市和邵阳市北部，湘南的干旱区域主要在宁远县和蓝山县；中高风险的县（市、区）仅有武陵源区，位于湘西北。

全省 20 年一遇的农业干旱灾害风险评估分布见附图 3。其中，农业干旱灾害风险为低风险的县（市、区）有 49 个；中低风险的县（市、区）有 32 个；中风险的县（市、区）有 30 个；中高风险的县（市、区）有 11 个，主要位于湘中的衡邵娄丘陵地区；高风险的县（市、区）仅有新晃侗族自治县，位于湘西怀化。

全省 50 年一遇的农业干旱灾害风险评估分布见附图 4。其中，农业干旱灾害风险为低风险的县（市、区）有 30 个；中低风险的县（市、区）有 26 个；中风险的县（市、区）有 22 个；中高风险的县（市、区）有 38 个，主要位于湘中、湘南和湘西地区；高风险的县（市、区）有 7 个，主要位于湘西地区。

全省 100 年一遇的农业干旱灾害风险评估分布见附图 5。其中，农业干旱灾害风险为低风险的县（市、区）有 22 个；中低风险的县（市、区）有 16 个；中风险的县（市、区）有 20 个；中高风险的县（市、区）有 41 个，主要位于湘中、湘南和湘西地区；高风险的县（市、区）有 24 个，主要位于湘中、湘西北和湘西地区。

4.1.2 农业干旱灾害风险评估成因分析

根据湖南省农业干旱灾害风险评估的分布成果（附图 1 至图 5）可知，全省农业干旱灾害的高风险地区主要位于湘中、湘西和湘西北。

湘中区域农业干旱灾害风险等级被判定为高风险的县（市、区）（衡东县、新宁县、双峰县等）主要位于衡邵娄丘陵地区。衡邵娄丘陵地区总体地势西南高、东北低，顺势向中、东部倾斜，地势垂直变化较大，河流易涨易退，水资源利用条件差；结合多年气象资料统计分析，该区域降水量约为全省平均降水量的80%，而蒸发量却是全省平均蒸发量的1.3～1.4倍，产流约为全省平均的70%；区域年内降雨分布极为不均，降雨大多分布在4—6月，而7—9月区域内蒸发量全年最高，且此期间区域农业灌溉需水量大，农业抗旱任务重，供需水矛盾突出，农业干旱灾害风险高。

湘西区域农业干旱灾害风险等级被判定为高风险的县（市、区）（新晃县、芷江县、麻阳县等）主要位于沅江中上游地区。该区域内夏季常受副热带高压控制，气温高，蒸发量大；区域降雨时空分布不均，汛期降雨占全年降雨的70%～76%；区域内沅江上游支流多，但雪峰山脉地势高，河流水位易涨易退，区域储蓄水能力一般；区域内地质条件差，存在石漠化和坡耕地现象，涵养水能力弱，兴建的灌溉水源工程分散分布，农田水利和应急抗旱能力也一般，农业干旱灾害风险高。

湘西北区域农业干旱灾害风险等级被判定为高风险的县（市、区）（永定区、武陵源区、慈利县）地处武陵山脉区。该区域内干旱地点主要分布在石灰岩地区和高山偏远地区。这些地区有的因溶洞发育，降雨大部分通过发育的溶洞进入地下；有的因山体坡降大，河流易涨易退，岩石裸露，地表涵养水能力低，溪河蓄水能力弱，利用率低；同时，这些地区的水利基础设施薄弱，蓄引提水能力差，极易发生干旱，是典型的干旱死角，农业抗旱任务艰巨，农业干旱灾害风险高。

4.1.3 农业干旱灾害风险区划成果统计及成因分析

根据全省123个县（市、区）（含长沙国家高新技术产业开发区）现状年不同干旱频率的农业干旱灾害风险评估成果计算各县（市、区）的农业干旱灾害风险度，判定区域农业干旱灾害风险区划等级，形成湖南省农业干旱灾害风险区划成果图（附图6）。

湖南省农业干旱灾害风险区划统计见图 4.1-2。经统计，全省 123 个县（市、区）（含长沙国家高新技术产业开发区）中农业干旱灾害风险区划等级判定为低风险区的县（市、区）有 22 个；中低风险区的县（市、区）有 45 个；中风险区的县（市、区）有 35 个；中高风险区的县（市、区）有 20 个，主要分布在湘西北、湘中和湘南地区；高风险区仅有武陵源区。

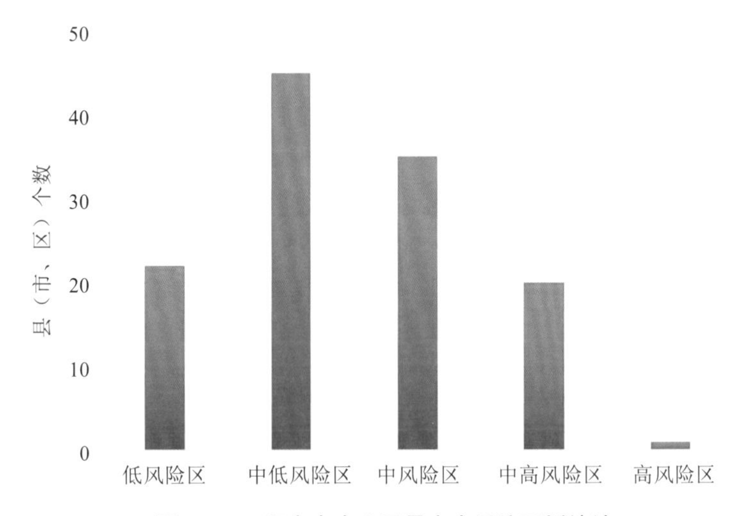

图 4.1-2　湖南省农业干旱灾害风险区划统计

以县为单元直观展示湖南省农业干旱灾害风险区划分布成果（附图 6）。由附图 6 可以看出，高风险区位于湘西北的武陵源区，该区地貌以山地为主，海拔高，山体坡降大，岩石裸露，河流易涨易退，地表涵养水能力低，溪河蓄水能力弱，水资源利用率低，极易发生干旱，是典型的干旱死角；同时，武陵源区无大型水利设施，水利基础设施薄弱，蓄引提水能力差，天水田多，抗旱能力差，农业抗旱任务极为艰巨。

4.2　因旱人饮困难风险评估及区划

因旱人饮困难风险主要指的是省内农村居民在干旱灾害发生时的临时饮水困难风险，主要是由区域因旱水资源短缺、储蓄水工程少、人饮供水工程不完善等导致。

4.2.1　因旱人饮困难风险评估成果统计分析

湖南省因旱人饮困难风险评估成果统计见图 4.2-1。在开展风险评估的过程中，以不同干旱频率下的人饮困难率作为一个整体来进行等级划分，必然能够保证随着干旱频率降低（干旱重现期增大），各县（市、区）的因旱人饮困难风险评估等级总是呈上升趋势。据此，对全省123个县（市、区）（含长沙国家高新技术产业开发区）而言，随着干旱频率的降低，判定为低风险区的县（市、区）的个数逐渐减少，而判定为中高风险区、高风险区的县（市、区）的个数逐渐增加，判定为中风险区的县（市、区）的个数则主要呈现先增长后减小的正态分布特征。

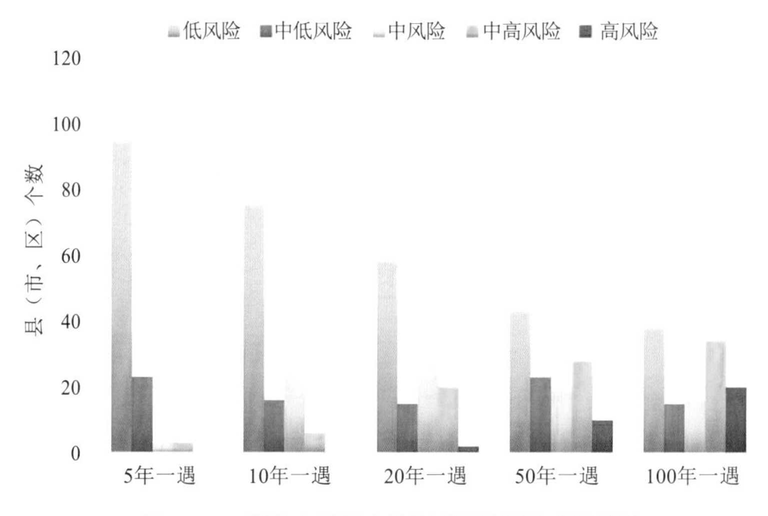

图 4.2-1　湖南省因旱人饮困难风险评估成果统计

全省5年一遇的因旱人饮困难风险评估分布见附图7。其中，因旱人饮困难风险为低风险的县（市、区）有94个；中低风险的县（市、区）有23个；中风险的县（市、区）有3个，分别为武陵源区、慈利县和花垣县；中高风险的县（市、区）有3个，分别是石门县、永定县和娄星区。

全省10年一遇的因旱人饮困难风险评估分布见附图8。其中，因旱人饮困难风险为低风险的县（市、区）有75个；中低风险的县（市、区）有16个；中风险的县（市、区）有26个，主要位于湘中和湘南地区；中高风险的县（市、区）有6个，在5年一遇的成果基础上，增加了慈利县、武陵源区和武冈市。

全省20年一遇的因旱人饮困难风险评估分布见附图9。其中，因旱人饮困难风险为低风险的县（市、区）有58个；中低风险的县（市、区）有15个；中风险的县（市、区）有28个；中高风险的县（市、区）有20个；高风险的县（市、区）有2个，分别是石门县和南岳区。由图可知，中风险及以上风险的县（市、区）主要位于湘中、湘西北地区。

全省50年一遇的因旱人饮困难风险评估分布见附图10。其中，因旱人饮困难风险为低风险的县（市、区）有43个；中低风险的县（市、区）有23个；中风险的县（市、区）有19个；中高风险的县（市、区）有28个；高风险的县（市、区）有10个。由图可知，中风险及以上风险的县（市、区）主要位于湘中、湘西北地区。

全省100年一遇的因旱人饮困难风险评估分布见附图11。其中，因旱人饮困难风险为低风险的县（市、区）有38个；中低风险的县（市、区）有15个；中风险的县（市、区）有16个；中高风险的县（市、区）有34个，主要位于湘东南地区；高风险的县（市、区）有20个，主要位于湘中、湘西北地区。

4.2.2 因旱人饮困难风险评估成因分析

根据湖南省因旱人饮困难风险评估的分布成果（附图7至附图11）可知，全省因旱人饮困难的高风险地区主要位于湘中和湘西北。

湘中区域因旱人饮困难风险等级被评为高风险的县（市、区）（新化县、隆回县、邵阳县等）地处衡邵娄丘陵地区。该区域地处湘资分水岭，位于各支流源头地区，流源短，无客水利用条件，无兴建控制性骨干水源条件，水资源利用条件差，储蓄水能力有限；区域内地质岩性主要是灰岩和红砂岩等，地下水埋藏深，土质保水性差、渗漏损失大，地下水资源少；7—9月，区域内持续受副热带高压控制，酷热高温，降水量小，同期蒸发非常大，水资源供需矛盾突出，地表水资源量减少；且区域内水资源管理方面存在一些问题，包括缺乏有效的水资源规划和管理机制，未能合理分配和利用水资源，导致农村供水工程不完善、农村饮水安全保障能力不足、区域因旱人饮困难风险高。

湘西北区域因旱人饮困难风险等级被评为高风险的县（市、区）（石门县、慈利县、武陵源区等）地处武陵山区。该区域内高山地区多，地形复杂，水利工程建设难度大，导致水利工程设施少、蓄引提水能力差，且村与村之间间隔远，农村居民饮用水安全保障主要依赖分散式供水工程，山区居民饮水安全保障能力还有待提高；旱季的降水量少，土壤涵养水能力差，导致地表水和地下水补给不足，无法满足人们的饮水需求；存在过度开发和超采地下水的现象，造成区域地下水水位下降，地下水资源的可利用性下降，影响人们安全饮水；且区域内可开采的地下水点位过少、污染源多，区域内一些水源受到农业、工业或生活废水的污染，存在水质问题。可见，该区域因旱人饮困难风险高为多种原因所致。

4.2.3 因旱人饮困难风险区划成果统计及成因分析

根据全省123个县（市、区）（含长沙国家高新技术产业开发区）现状年不同干旱频率的因旱人饮困难风险评估成果计算各县（市、区）的因旱人饮困难风险度，判定区域因旱人饮困难风险区划等级，形成湖南省因旱人饮困难风险区划成果图（附图12）。

湖南省因旱人饮困难风险区划统计见图4.2-2。经统计，全省123个县（市、区）（含长沙国家高新技术产业开发区）中因旱人饮困难风险区划等级为低风险区的县（市、区）有64个；中低风险区的县（市、区）有26个；中风险区的县（市、区）有16个；中高风险区的县（市、区）有15个，主要分布在湘西北、湘中和湘南地区；高风险区的县（市、区）有石门县和慈利县。

以县级行政区划为基础单元直观展示湖南省因旱人饮困难风险区划成果分布（附图12），由附图12可以看出，全省因旱人饮困难高风险区分布在湘西北的石门县和慈利县。两县地处武陵山地向洞庭湖滨湖平原过渡带上，水资源丰富，但地势平均海拔较高，河流蓄水能力一般；区域降雨时空分布不均，存在季节性和水质性缺水的问题；此外，两县地势复杂，相邻村镇之间的距离较远，高海拔地区的农村居民占比较高，以及违规取水、水资源分配不均等问题也存在，导致区域内水资源供应不稳定、水资源浪费严重，不利于保障人们的饮水需求。

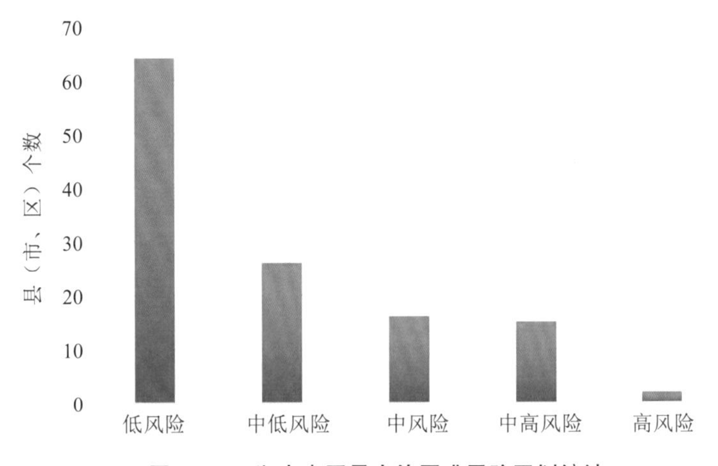

图 4.2-2 湖南省因旱人饮困难风险区划统计

4.3 城镇干旱灾害风险评估及区划

湖南省境内河流众多，纵横交错。各县（市、区）城镇基本都依河而建，城镇用水水源主要依赖穿城而过的河流或河流上的水库。根据全省各县（市、区）的城镇水源状况统计（图 4.3-1），其中，全省城镇水源状况为两源一备的县（市、区）有 32 个；全省城镇水源状况为两源的县（市、区）有 40 个；全省城镇水源状况为一源一备的县（市、区）有 30 个；全省城镇水源状况为一源稳定的县（市、区）有 17 个；全省城镇水源状况为一源不稳定的县（市、区）有 4 个，分别是衡南县、衡东县、祁东县和石门县。

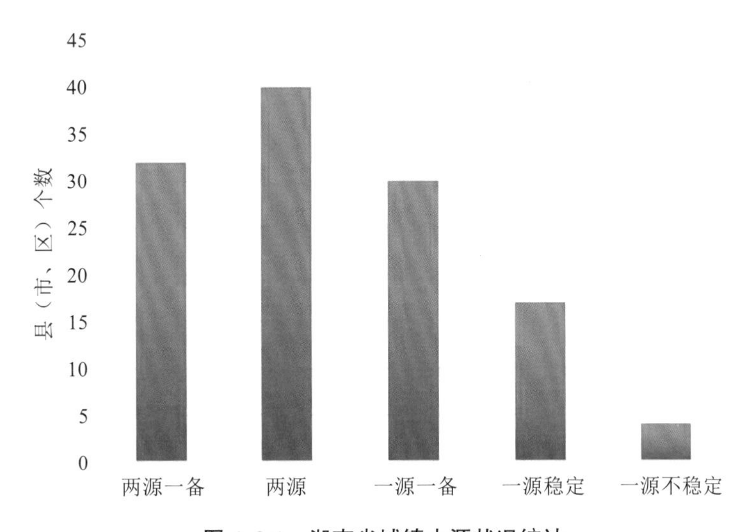

图 4.3-1 湖南省城镇水源状况统计

根据 3.1.2 节城镇干旱灾害风险等级确定方法，综合考虑城镇供水水源情况及县（市、区）类型，全省各县（市、区）的城镇干旱灾害风险评估统计见图 4.3-2。其中，城镇干旱风险为低风险的县（市、区）有 71 个；中低风险的县（市、区）有 45 个；中风险的县（市、区）有 7 个（石门县、衡东县、衡南县、祁东县、耒阳市、湘乡市、鼎城区）。

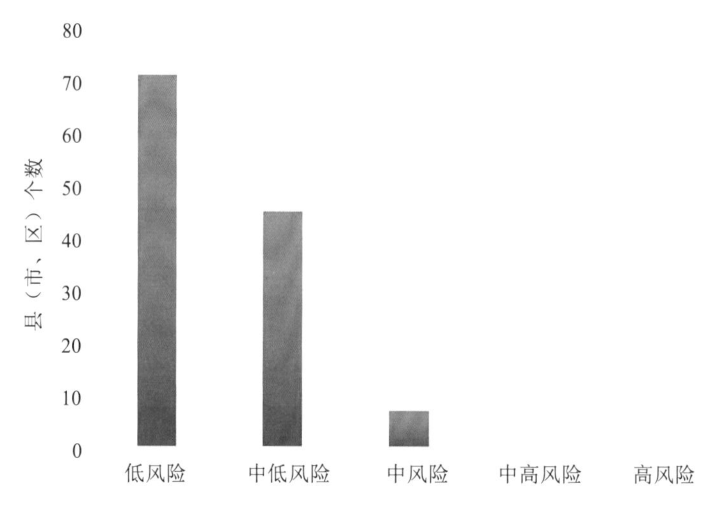

图 4.3-2　湖南省城镇干旱灾害风险评估统计

根据全省 123 个县（市、区）（含长沙国家高新技术产业开发区）城镇干旱灾害风险评估成果判断城镇干旱灾害风险等级。由湖南省城镇干旱灾害风险区划分布成果（附图 13）可知，城镇干旱灾害被评为中风险的县（市、区）主要位于河流发源地、城镇水源极度依靠一条河流或小河流较多但无稳定水源的地区，如石门县作为一般县（一般县级行政区），目前城区供水方式为单一水源供水，取水水源点在澧水，无应急备用水源。受地形、气候等因素的影响，石门县在少雨年份易形成干旱；县内大部分水厂优质水源供给保障率不高；此外，城郊供水存在多头管理，多数工程难以良性运行，运行管理机制不健全，这些均导致石门县城镇干旱灾害风险要比省内其他一般县高。湘乡市作为其他建制市（县级市），城区水源主要依靠涟水，近 10 年来涟水未出现明显枯水，水源状况稳定，但现状城区应急备用水源建设还比较滞后，在面对突发事件时不足以支撑城区供用水，季节性缺水、工程性缺水问题依然存在，且湘乡市年内降水量时空分配不均、地下水补给能力不足也进一步增加了城镇干旱风险。鼎城区作为地级市主城区，城区水源主要依靠沅江，现状有应急备用水源，以地下水或周边引水调水作为其应急备用水源来源。正常情况下，鼎城区水源状况较为稳定，但由于供水水源较为单一，旱季时常因水位下降，而且水厂水质不达标、水压低、水压小等，因此城镇干旱风险相对偏高。

4.4 干旱灾害综合风险区划

干旱灾害综合风险区划等级是区域的农业干旱灾害、因旱人饮困难和城镇干旱灾害风险区划等级按照最不利原则判定的。

选取全省123个县（市、区）（含长沙国家高新技术产业开发区）的农业干旱灾害、因旱人饮困难和城镇干旱灾害风险这三个指标成果，采用熵权法分析区域农业干旱灾害、因旱人饮困难和城镇干旱灾害对区域干旱灾害综合风险的影响。根据计算的农业干旱灾害、因旱人饮困难和城镇干旱灾害的信息熵成果（表4.4-1）可知，城镇干旱灾害的信息熵最大，农业干旱灾害的信息熵大于因旱人饮困难的信息熵。而指标的信息熵值越大，指标的稳定性越高，故城镇干旱灾害风险稳定性最高，对干旱灾害综合风险的影响最小；因旱人饮困难风险的稳定性最低，对干旱灾害综合风险的影响最大。

表4.4-1　　干旱灾害风险种类的信息熵成果

干旱灾害类型	农业干旱灾害	因旱人饮困难	城镇干旱灾害
信息熵	0.979	0.972	0.987

根据计算出的权重占比（表4.4-2）可知，因旱人饮困难所占权重大于农业干旱灾害，农业干旱灾害大于城镇干旱灾害。这说明影响区域干旱灾害综合风险等级的主要因素是因旱人饮困难风险，干旱时期的农村人口饮水安全问题是区域干旱的重要风险之一；其次是农业干旱灾害风险，湖南作为农业大省，农业干旱灾害一直是省内区域干旱的重点关注对象；最后是城镇干旱灾害风险，目前全省各县（市、区）的城镇饮用水安全均有一定的保障。

表 4.4-2　　干旱灾害风险种类权重占比

干旱灾害类型	农业干旱灾害	因旱人饮困难	城镇干旱灾害
权重	0.341	0.445	0.214

统计全省干旱灾害综合风险区划成果（图 4.4-1），可得：全省干旱灾害综合风险区划等级为低风险区的县（市、区）有 5 个，分别是长沙县、开福区、北湖区、桂东县和江华瑶族自治县；中低风险区的县（市、区）有 56 个；中风险区的县（市、区）有 35 个；中高风险区的县（市、区）有 24 个；高风险区的县（市、区）有 3 个，位于湘西北区域，分别是石门县、慈利县和武陵源区。

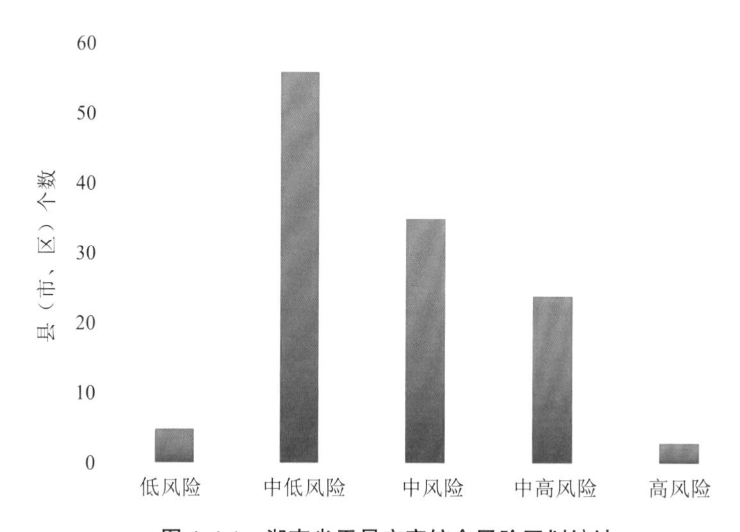

图 4.4-1　湖南省干旱灾害综合风险区划统计

以县级行政单位为基础单元生成湖南省干旱灾害综合风险区划分布成果（附图 14）。由附图 14 可知，全省干旱高风险区主要为分布在湘西北武陵山区的武陵源区、慈利县及石门县。其中，武陵源区农业抗旱难，降水不足、季节性降水分布不均等气候问题导致农作物生长所需的水分供应可能无法满足，以及排水系统不完善、水库和灌溉设施不健全、水资源分配不均等都在一定程度上造成农业用水的浪费和分配不均，使农业干旱灾害风险高；慈利县和石门县相互毗邻，两县均存在水资源利用效率低、城乡饮水安全保障能力低，以及水库灌区不配套、灌溉渠道破损严重、抗旱服务体系薄弱等问题，故而因旱人饮困难风险高。

4.5 干旱灾害防治区划

4.5.1 干旱灾害防治一级区划成果统计分析

根据农业受旱情况、因旱人饮困难、历史特大干旱情况等对全省123个县（市、区）（含长沙国家高新技术产业开发区）进行分析，通过组合分析各类特征线，以及结合各县（市、区）实际情况，按旱情旱灾的严重程度判定各县（市、区）的防治一级区划。

经统计（图4.5-1），全省判定为非受旱县的县（市、区）有4个；判定为一般受旱县的县（市、区）有90个；判定为主要受旱县的县（市、区）有26个；判定为严重受旱县的县（市、区）有3个，分别是石门县、邵东市和邵阳县。

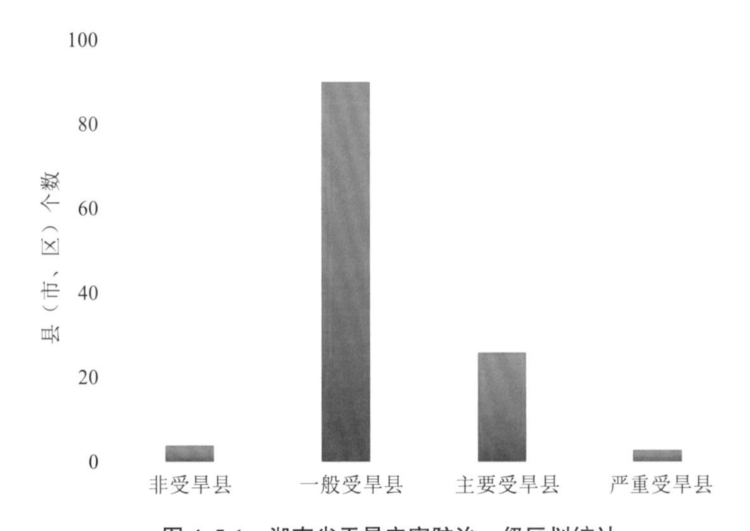

图4.5-1 湖南省干旱灾害防治一级区划统计

根据湖南省干旱灾害防治一级区划分布成果（附图15）可知，全省的主要受旱县和严重受旱县主要分布在湘中地区——衡邵娄干旱走廊，与历史经验相吻合。根据历史干旱资料的统计，衡邵娄区域基本上是十年有九旱，五年一大旱，是湖南省名副其实的干旱重点区域。其中，邵阳市的邵东市和邵阳县位于湘资分水岭的核心地带，受气象、水资源、土壤地形等影响，它们成为衡邵娄干旱走廊中的重点干旱县（市）。除湘中地区外，主要受旱县和严重受旱县也在湘西北和湘西零星分布。湘西北的武陵源区域以山地地形为主，高海拔对水利工程的建设造成一定的困难，抗旱能力有限；石门县在武陵山地向洞庭湖滨平原过渡带上，地势自西北向东南倾斜，由于降雨时空分布不均，供水和应急抗旱能力不足，这也使其成为全省重点干旱县之一。

4.5.2 干旱灾害防治二级区划成果统计分析

干旱灾害防治二级区划是根据区域的干旱灾害综合风险区划等级和抗旱减灾能力确定的。选取全省 123 个县（市、区）（含长沙国家高新技术产业开发区）的干旱灾害综合风险等级和抗旱减灾能力这两个指标成果，采用熵权法分析区域干旱灾害综合风险和抗旱减灾能力对区域干旱灾害防治二级区划的影响。根据计算干旱灾害综合风险和抗旱减灾能力的信息熵成果（表 4.5-1）可知，干旱灾害综合风险的信息熵略小于抗旱减灾能力的信息熵，表明干旱灾害综合风险指标的变异程度较大，可提供的信息量较多，在综合评价中所能起到的作用也较大。

表 4.5-1　　干旱灾害防治二级区划影响指标的信息熵成果

影响指标	干旱灾害综合风险	抗旱减灾能力
信息熵	0.977	0.980

根据计算出的权重占比（表 4.5-2）可知，在对干旱灾害防治二级区划进行判定时，区域的干旱灾害综合风险的重要性大于抗旱减灾能力的重要性。区域的干旱灾害综合风险是由区域的自然地理和社会经济决定的，抗旱减灾能力是由区域的水利工程发展和水资源储蓄量决定的，这两个因素的共同作用决定了县（市、区）的干旱灾害防治等级。

表 4.5-2　　干旱灾害防治二级区划影响指标的权重占比

影响指标	干旱灾害综合风险	抗旱减灾能力
权重	0.531	0.469

综合分析全省123个县（市、区）（含长沙国家高新技术产业开发区）的干旱灾害综合风险区划等级和抗旱减灾能力，可得出全省各县（市、区）的干旱灾害防治二级区划成果。经统计（图4.5-3），全省各县（市、区）中，判定为一般防治区的县（市、区）有70个；判定为中等防治区的县（市、区）有41个；判定为重点防治区的县（市、区）有12个。

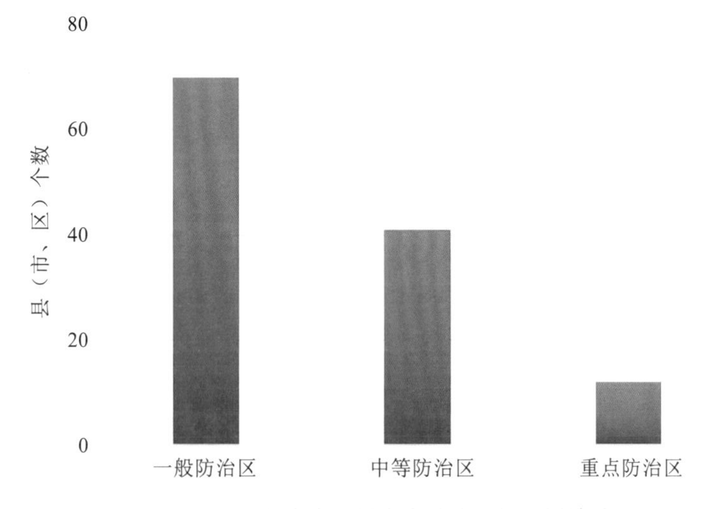

图4.5-3 湖南省干旱灾害防治二级区划统计

根据湖南省干旱灾害防治二级区划分布成果（附图16）可知，全省的重点防治区主要分布在湘中和湘西地区。湘中地区的重点防治区主要集中在衡邵娄干旱走廊，该区域内水库目前大多为中小型水库，且多为季调节或无调节，应对特大干旱事件的能力不足，在特大干旱年中，62%的水库基本干涸，工程性缺水问题尖锐，抗旱减灾能力弱；湘西的新晃侗族自治县，境内存在石漠化和坡耕地现象，农田水利和应急抗旱工程建设薄弱，干旱灾害风险高，抗旱减灾能力低；花垣县山地地势起伏大，地貌复杂，水资源储量有限，地下水补给较为困难，限制了水资源的蓄存和分配，以及植被覆盖度低、土壤保水能力较弱、生态环境相对脆弱等问题均导致干旱发生的概率和干旱灾害的风险增大，且居民对农业的依赖度高，缺乏多元化经济结构，当受旱灾影响时，农业生产和居民生活受到严重冲击，抗旱能力进一步降低。

第5章　湖南省干旱灾害成因规律分析

5.1　干旱灾害时空分布规律分析

根据全省干旱灾害风险与防治区划成果，结合历史干旱灾害灾情等影响，进行干旱灾害时空分布规律分析。

5.1.1　干旱时间分布规律分析

长时间无降雨或降雨偏少等气象条件是造成干旱的主要因素。从降雨时间分布上看，湖南省降水量多集中在雨季3个月的数场暴雨，一般占全年的40%～50%。一般年份，湖南省干旱期分为两个阶段：第一阶段出现在6月底至7月下旬，第二阶段出现在8月中旬至9月下旬。两个旱期之间（7月底至8月上旬），常因热带低压、台风等天气系统的影响而发生降雨，使得旱情缓和。在大气环境异常的天气条件下，如前期副热带高压很弱，位置偏南，影响海洋暖湿气流进入全省，而北方冷气流频频南下；冷暖气流不在湖南省交绥，致使降雨偏少；后期副热带高压过早、过强且维持过久，又使全省雨季提前结束。因此形成了湖南干旱的季节性规律：以夏秋旱为主，春旱次之。

按正常年景，湘江、资水流域雨季在4—6月，沅江、澧水流域在5—7月。6月上旬以后，受北跃两伸的西太平洋高压和印度低压控制，易形成晴热少雨、盛吹偏南风，蒸发旺盛。而7—9月是中、晚稻需水的高峰期，但降水量稀少，一般只占全年总雨量的20%左右，降水量的时空分布不均匀与农作物集中需水期间形成了极大的反差。环境年际变化的影响，也使降雨的年际变化大。每年前期降水量的多少对于当年旱情也有一定的影响。

1501—1990年的490年，湖南大体有4个连续干旱周期，即1512—1544年、1640—1674年、1802—1835年、1921—1990年。前3个干旱周期，持续了30～40年，最后1个周期持续了69年。每个周期的相隔年数分别为96年、128年和86年。在20世纪的90年内，干旱的频次明显加密了，重现期大大降低了。自新中国成立74年来，年年都有旱灾，其中有9年出现了全省性干旱，有14年出现了全省大范围干旱，有45年出现了插花性干旱。

湖南省旱情年际规律统计见表5.1-1。

表5.1-1　　　　湖南省旱情年际规律统计

类型	1501—1600年	1601—1700年	1701—1800年	1801—1900年	1901—2000年	2001—2022年	合计
全省性干旱	0	1	1	2	9	6	19
大范围的干旱	9	9	1	4	17	4	44
插花性干旱	40	58	48	64	70	7	287
合　计	49	68	50	70	96	17	350

全省性干旱常常有两年以上连续的规律和特点。根据现有资料，分两个阶段进行频次统计，即1949年以前的535年和1950—2022年的73年。1414—1949年湖南省旱灾连续统计见表5.1-2；1950—2022年湖南省旱灾连续统计见表5.1-3。

表5.1-2　　　　1414—1949年湖南省旱灾连续统计

总次数	未连续		连续两年		连续三年	
	次数	占（%）	次数	占（%）	次数	占（%）
46	34	73.9	11	23.9	1	2.2

表5.1-3　　　　1950—2022年湖南省旱灾连续统计

总次数	未连续		连续两年		连续三年	
	次数	占（%）	次数	占（%）	次数	占（%）
13	8	61.5	3	23.1	2	15.4

1950—2022年发生全省性干旱的年份有：1956、1957、1959、1960、

1963、1972、1978、1981、1984、1985、1986、1990、1991、2003、2005、2006、2007、2011、2013、2022年，共20年。全省受灾比较严重的旱年有：1957、1984、1961、1989、2001、2008、2009、2010年，共8年。上述20个全省性干旱年中，连续三年的有1984—1986年、2005—2007年，连续两年的有1956—1957年、1959—1960年、1990—1991年，未连续的有1963、1972、1978、1981、2003、2011、2013、2022年。

综上所述，新中国成立后湖南的干旱频次比新中国成立前的300年干旱频次已大大加密，重现期更加缩短，受旱程度愈来愈深，损失也更为严重了。

5.1.2 干旱空间分布规律分析

从降雨空间分布上看，由于湖南所处纬度偏南，日照期较长，其地形特点是东、南、西三面环山，向北开口，南边的暖湿气流进不来，北边的冷高压直达南岭，滞留境内，造成湖南独特的气候特征。秋季由于极地气团与温带气团的交界面逐渐南移，副热带高压北挺西伸，受单一的暖气流稳定控制，晴热少雨。全省受北跃两伸的西太平洋高压和印度低压控制，除北边处于副热带边缘、降水量较多外，其他地区均晴热少雨，盛吹偏南风，蒸发旺盛。

据1961年湖南历史考古研究所编《湖南自然灾害年表》记载（表5.1-4）：自公元前155年至公元1949年，有记载的湖南旱灾计371年次，时代愈近，发生频次愈高，近300年发生的年次还稍多于前1800年。除历史失记外，这种情况也与近300年人口增多、耕地面积扩大、农田灌溉事业发展不快等因素有关。另外，湖南有约占全省面积的3/5地区丘陵起伏，可利用的自然资源少，而一般小塘小坝蓄水有限，易于干涸。

表5.1-4　　公元前155年至公元1949年四水流域历史旱灾次数统计

地区	全省性	湘江流域	资水流域	沅江流域	澧水流域
次数（年次）	62	213	62	106	53

湖南省的重旱区主要分布于湘江流域中上游，资水中游辰水、邵水流域；中旱区主要分布于沅江流域、资水和澧水下游及湘江下游右岸；轻旱区

位于东南角和西北角地区，湘江支流涞水上游和沅江支流酉水上游等地。1500—1949年湖南省山丘区各地历史旱灾次数统计见表5.1-5。

新中国成立后湖南各地夏季持续性干旱事件频发，呈现南多北少的分布特征，与前2000余年没有发生大的变化。根据干旱事件发生的平均中心位置，干旱空间分布形态主要表现为全省型、西北部型和南部型。全省型的干旱事件频次最多、影响范围最广、持续时间最长、平均强度最大，以衡邵地区干旱最重，其中极端和重度干旱事件均为全省型。

表5.1-5　　1500—1949年湖南省山丘区各地历史旱灾次数统计

历史旱灾次数（次）	市县
40次以上	隆回、邵阳、邵东、衡阳、湘乡、双峰、涟源、新化、新邵、宁乡、长沙、望城、浏阳、沅陵
30～40次	桃江、益阳、沅江、湘潭、株洲、醴陵、安仁、常宁、桂阳、麻阳、溆浦、石门、临澧、临湘、江永、江华
20～30次	岳阳、湘阴、平江、衡山、攸县、茶陵、耒阳、永兴、祁东、祁阳、东安、零陵、新田、宁远、嘉禾、蓝山、道县、新宁、武岗、泸溪、洞口、安化、桃源、常德、汉寿、华容、安乡、南县、澧县、慈利、大庸（张家界）
10～20次	桑植、龙山、永顺、保靖、古丈、花垣、吉首、凤凰、怀化、芷江、新晃、洪江、会同、通道、绥宁、城步、临武、宜章、郴州、资兴、桂东、炎陵
10次以下	汝城、靖州

受北跃两伸的西太平洋高压和印度低压控制，湖南省除北边处于副热带高压边缘、降水量较多外，其他地区，均晴热少雨，盛吹偏南风，蒸发旺盛。干旱的强度由西北向东南逐步增强。省内中南部衡邵丘陵地区，由于雨水少、气温高、土壤涵养水能力低，河流年出境水流量大于入境水流量，导致旱情年年发生，是省内的重旱区。湘西区域干旱程度相对较轻，但其石灰岩地区和高山偏远地区也易发生干旱，这些区域有的因溶洞发育，降雨大部分将通过发育的溶洞进入地下；有的因山体坡降大，岩石裸露，地表涵养水能力低，溪河蓄水能力弱，洪水易涨易退，资源利用率低；石灰岩地区和高山偏远地区水利基础设施薄弱，蓄引提水能力差，是典型的干旱死角。湘北

的洞庭湖地区降雨少，易受长江来水的影响，浅层地下水重金属含量高，易出现季节性和水质性缺水。湘南地区初秋偶受台风影响，带来降雨，所以干旱也相对较轻。

根据统计资料，1950—2022年湖南省旱灾情况统计见表5.1-6。

表5.1-6　　1950—2022年湖南省旱灾情况统计

年　份	受灾面积（万 hm^2）	成灾面积（万 hm^2）	年　份	受灾面积（万 hm^2）	成灾面积（万 hm^2）
1950	36.200	24.133	1988	108.733	49.533
1951	34.733	23.156	1989	75.400	29.200
1952	21.333	14.222	1990	76.750	56.333
1953	62.533	41.689	1991	55.230	44.667
1954	17.200	11.467	1992	85.944	54.000
1955	39.733	26.489	1993	43.820	6.133
1956	115.133	76.756	1994	40.665	5.267
1957	86.733	57.822	1995	64.497	31.267
1958	30.067	20.044	1996	37.564	23.466
1959	116.467	77.644	1997	63.590	42.344
1960	133.733	89.156	1998	60.576	34.538
1961	94.267	62.844	1999	55.537	34.050
1962	34.933	23.289	2000	60.132	36.113
1963	137.733	91.822	2001	78.754	52.219
1964	50.667	33.778	2002	41.696	26.001
1965	34.267	22.844	2003	126.021	84.295
1966	44.867	29.911	2004	53.983	31.282
1967	15.933	10.622	2005	105.658	65.823
1968	19.333	12.889	2006	56.471	35.256
1969	18.200	12.133	2007	115.777	75.974
1970	17.067	11.378	2008	71.467	48.600
1971	53.000	35.333	2009	75.305	42.467
1972	109.467	72.978	2010	72.333	34.533

续表

年　份	受灾面积（万 hm^2）	成灾面积（万 hm^2）	年　份	受灾面积（万 hm^2）	成灾面积（万 hm^2）
1973	12.600	8.400	2011	118.400	79.333
1974	44.667	29.778	2012	11.467	5.533
1975	33.133	22.089	2013	171.733	113.467
1976	22.800	15.200	2014	5.387	0.863
1977	14.333	9.556	2015	6.255	1.371
1978	87.067	58.044	2016	1.145	0.477
1979	54.800	36.533	2017	22.176	20.093
1980	65.667	43.778	2018	15.082	12.247
1981	110.800	73.867	2019	20.631	9.722
1982	51.267	34.178	2020	8.822	5.028
1983	65.467	43.644	2021	8.594	4.994
1984	107.600	71.733	2022	47.447	21.328
1985	152.533	101.689	1950—2022年	4394.842	2270.35
1986	120.533	101.689			
1987	64.933	23.800	均　值	60.203	31.101

5.2　湖南省干旱灾害成因分析

在充分认识湖南省干旱灾害时空分布规律的基础上，结合地形、气候等多种因素的影响进行干旱灾害成因分析。

5.2.1　自然地理因素

5.2.1.1　地形气候因素

湖南省东、南、西三面环山，西高东低，是南高北低、朝东北开口的不对称马蹄形盆地。秋季，由于极地气团与温带气团的交界面逐渐南移，副热带高压北挺西伸，受单一的暖气流稳定控制，晴热少雨。这一时期常常出现干热风及干热期，主要以湘江流域最为严重。该时段正值双季晚稻需水季节，水量供需矛盾突出，极易发生干旱。省内的湘中丘陵盆地位于夏季风的背风区，盛夏季节雨少、温高、蒸发大，加之人类活动频繁以及多年来森林植被破坏、地面覆盖少的原因，此地成为全省有名的“干旱走廊”。

5.2.1.2 土壤因素

全省土壤分为地带性土壤和非地带性土壤。共有9个土类，24个亚类，111个土屑，418个土种。地带性土壤主要是红壤和黄壤，大致以武陵源雪峰山东麓一线划界，此线以东，土壤以红壤为主；此线以西，土壤以黄壤为主，红壤面积约占全省总面积的2/3，这种类型的土壤保水性能极差，一遇晴热少雨天气，很快形成干旱。衡邵地区正好位于武陵源雪峰山东麓一线以东，土壤因素使此地干旱加剧。

5.2.1.3 大气环流影响

大气环流对天气气候的影响是形成湖南干旱的主要原因。受大气环流的历年变化和复杂地形的影响，湖南省降雨在年与年之间和地域上的分布极不均衡，因此干旱频发并伴有插花性特点。降雨变率是表示地方降雨各年变化的程度。湖南各地多年的平均降雨变率是很大的，7—9月各地平均降雨变率在50%以上，最大可达76%。即使在同一个县内，不同地方降雨也会有显著差异。降雨的这种地区差异，是使湖南干旱时常具有“块块旱，插花性旱”特点的主要原因。

一般年份从6月开始，随着西太平洋副热带高压势力的增强，冷暖空气的交界面常处于江淮流域，我国规律性的雨带北移，在6月下旬后期至7月上旬湖南雨季自南往北先后结束。7—9月，除湘西北降雨有400～500mm外，其他地区多在300mm上下，存在显著的缺水现象，一遇雨水不均匀或者偏少，极易形成干旱，造成夏秋连旱频繁出现。若副热带高压过早或过久地控制湖南，就会导致严重干旱。因此副热带高压势力的强弱、进退时间的早晚，是影响湖南夏秋干旱的严重程度及其发生早晚的重要原因。

5.2.1.4 降雨时空分布不均

时间分布上，湖南省多年平均降水量1450mm，折合水量3080亿m^3。较大部分雨量集中在雨季3个月的数场暴雨中，一般占全年的40%～50%，按正常年景，对于湘江、资水流域是在4—6月，对于沅江、澧水在5—7月。7—9月是中、晚稻需水高峰期，但降水量稀少，一般只占全年总雨量的20%左右。空间分布上，受地形气候的影响，全省水资源也分布不均，湘中、湘南偏少；湘北、湘东偏多。

5.2.2 社会因素

5.2.2.1 经济发展

经济的发展导致人们对水资源的需求越来越大。全省或部分地区由于经济的发展出现干旱（缺水）现象。湖南省多年平均水资源总量为1695亿m^3，位居全国第6位；人均水资源量约2500m^3，位居全国第12位，略高于全国平均水平。汛期（4—9月）的径流量约占全年径流量的70%，部分地区达到80%。多年平均连续4个月最大径流量占全年径流量的65%，部分地区达到70%，大部分地区4—7月经常会出现最大径流量。由于水资源在地区和时间上分布不均，干旱灾害频繁发生，甚至在遭遇大洪涝灾害年份也会出现干旱时段。

5.2.2.2 水利工程设施的抗旱能力

目前，水利工程设施的抗旱能力仍受到制约，主要面临着两大威胁：一是现有水利工程设施面临着萎缩衰老的“危机”；二是水利工程保安维修、更新、配套任务大。尽管全省已建成大小水库13737座，占全国的1/7，但蓄水保水抗旱能力仍然不强，已建水库病险多（以中小型水库为主），日趋老化，水库蓄水抗旱效益没有得到充分发挥。每年在汛期到来之前，这些病险水库要严格按度汛方案降低蓄水位迎汛，确保水库大坝安全，但汛后由于降雨少，一般不能很好地蓄足水量，防洪与兴利的矛盾十分突出。这些病险水库如能正常蓄水，将大大提高抗旱能力。

从灌溉设施来看，灌区工程存在建设不配套、渠系及其建筑物老化严重的情况。大部分的灌区工程设施存在老化严重、管理维护不及时、基础设施落后的现象，无法充分发挥灌溉调节能力，这也导致全省农田灌溉水有效利用系数较低，全省灌溉面积仅占耕地面积的75%，水资源沿程漏损严重，如铁山供水工程每年渠道漏损水量达到 0.63 亿 m^3，占供水量的 40%，相当于一个中型水库的水量，且部分大型水库（如五强溪、柘溪、凤滩等）以发电为主，蓄水得不到灌溉调节利用。

全省超一半的市（州）中心城市常规供水为单一水源，应对水污染等突发事件能力严重不足。全省现状 125 个重要饮用水水源地中，有 12 个供水保证率小于 90%；部分地级市常规供水仍为单一水源，抗风险和应对水污染等突发事件能力不足。枯水年份全省城乡供水缺口约 2 亿 m^3。农村小型及分散供水比例达 70%，与城市供水相比，运营模式与水价机制不健全，非专业化经营管理占 90%以上，工程运行成本高、供水标准低、收益与成本不匹配，多数工程难以良性运行。

5.2.2.3　人类活动影响

人类活动对旱情也有一定影响，如乱砍滥伐森林、破坏植被盲目开荒、不合理的陡坡种植工程等导致水土流失严重。据调查，陡坡种植工程会造成每年 1cm 以上的水土流失，若遇暴雨或特大暴雨，严重的达 6cm 以上。水土流失冲走了肥沃的表土，使土壤土质恶化，保水能力下降，形成大雨大灾、小雨小灾、无雨旱灾的现象；水土流失还使泥沙流入水库、渠道，降低蓄、引水量的效能和水利工程的抗旱排涝能力，缩短水利工程寿命。另外，随着经济社会的发展，城市、高速公路等不透水层的增强，加快了地表径流，降低了土壤蓄水的能力，也导致了水资源的贫乏，加剧了旱情程度。

5.2.2.4　节水意识薄弱

湖南省水资源浪费较为严重，水的有效利用率低，效益也低，又影响灌溉质量。2020 年全省万元 GDP 用水量为 73.02m^3，比全国平均水平高 40%；万元工业增加值用水量为 46.87m^3，在全国排名靠后；农田灌溉水有效利用系数为 0.535，低于全国平均值；全省规模以上排污口废污水入河量为 20.72 亿 m^3；全省再生水利用量为 600 万 m^3，年均雨水可集蓄量约为 15 亿 m^3，雨水集蓄利用尚处于起步阶段，利用率很低，再生水和雨水等非常规水资源利用程度不高。

5.2.2.5 水质性缺水

随着经济建设的不断发展，工业化、城市化进程的不断推进，污染物长期大量、无序排放，造成了严重的水环境污染。这既破坏了水环境，又浪费了有限水资源，形成水质性缺水。

湖南省65%的城市供水水源地为河道型供水水源地，80%的城市供水量取自河道，大部分水源为Ⅲ类水质，且城乡取水口、排污口交错布局，饮用水水源地保护压力大；农村饮水水源地保护工程建设基础薄弱，水质处理措施不完善。全省优质水资源供给能力不高，80%的城乡生活水源为河道型，部分水源面临重金属超标污染风险。虽然大中型水库90%以上为Ⅱ类及以上水质，但主要用于对水质要求不高的发电和农田灌溉，优水没有得到优用。

第6章　湖南省防旱抗旱对策建议

6.1　湖南省防旱抗旱工作的不足

6.1.1　历史旱情资料缺乏

目前，省内各县（市、区）的历史旱情资料因缺少系统性整理和保存而数据不全。各县（市、区）所依据的资料主要为水资源公报、统计年鉴、个别年份的防汛抗旱工作总结等，虽然通过这些资料可以较准确地了解到当年当地水资源总量、供水量以及用水量等数据信息，但针对历史各次的旱情旱灾损失数据常因人员流动或资料丢失等原因而无法查询，能够参考的资料有限，历史旱情旱灾数据只能依靠当地工作人员基于当年旱灾情况进行粗略估计，对摸清抗旱减灾工作的数据底盘造成一定的困难。

6.1.2　病险水利工程难除

水利工程设施是抗旱减灾的重要物质基础。目前，湖南省水利工程设施建设还存在一定不足，防旱抗旱能力受到制约。虽然全省已建的水库数量占全国的1/7，但由于水库病险多，日趋老化，其蓄水保水抗旱能力仍然不强，必须对已建水利工程进行维修、改造及配套，才能使水利工程设施抗旱效益得到充分发挥。

湖南省内山塘数量众多，约166万口。大部分山塘开挖于20世纪五六十年代，受当时技术、资金等因素限制，建设标准不高。经过几十年的运行后，由于管理维护不到位，大部分运行山塘都存在着诸多安全隐患，无法充分发挥其蓄水能力，需要进行清淤扩容、除险加固或降等报废。病险山塘的专项除险加固治理刻不容缓，但鉴于其数量众多，除险加固难度大，需分批进行，这也是目前省内山塘无法充分发挥其工程效益的原因。

6.1.3 防旱抗旱能力有限

湖南省内各地特别是经济欠发达地区的旱情监测预警系统、抗旱指挥调度系统和抗旱应急备用水源工程建设还不够完善，防旱抗旱能力有待提高。

旱情监测预警系统是主动防旱抗旱的重要手段。目前，湖南全省土壤墒情站网监测及旱情监测预警系统建设尚不能满足旱情监测的需求，固定墒情监测站点仅105个。必须结合全省实际情况，继续增设土壤墒情监测站，完善蒸发站、地表水监测站、地下水监测站及水质监测站，在此基础上最终形成一套包括旱情监测、旱情分析预测评估和旱情预警三大功能的旱情监测预警系统。由湖南省水文水资源勘测中心落实的“湖南省墒情监测工程建设项目”已在全省范围内新建367个固定墒情监测站点和1处综合试验站，1处改造墒情实验站。

抗旱指挥调度系统是抗旱减灾工作的决策支撑。目前全省虽基本形成了一套防汛抗旱指挥调度系统，但与抗旱有关的各类抗旱综合信息数据库以及旱情预警响应机制还不完善。必须进一步完善法规制度、充实组织机构、构建抗旱预案体系、加大财政投入、实施抗旱物质储备、加强抗旱服务队应急抗旱能力、注重抗旱宣传、开展抗旱科研及新技术推广。

抗旱应急备用水源工程是干旱期间对正常水源工程体系的有效补充，是提高区域应急抗旱能力的重要手段，是抗旱工程体系的重要组成部分。当前湖南省内部分地区的抗旱应急备用水源工程建设仍需完善，应急抗旱能力不足。加强区域抗旱应急备用水源工程的建设是一个长期的过程，需要通过持续的投入和综合性的管理措施，才能逐步改善并提升区域应急抗旱能力。

此外，省内大部分县（市、区）虽有抗旱预案和抗旱物资库，但相关抗旱预案没有充分考虑到长期旱情的需求，或者在实施过程中存在困难，就会导致应急抗旱能力不足；同时，抗大旱、抗长旱需要大量的投入和技术支持，包括灌溉设施的改善、水资源的调配与管理、节水技术的推广等方面，部分地区缺乏足够的投入，也会阻碍应急抗旱能力的提升。

6.2 湖南省抗旱指挥调度决策

6.2.1 “7531”防旱抗旱工作机制

为精准做好水利防旱抗旱各项工作，在旱情来临时，湖南省水利厅强化机制落实，锚定“八个精准”、着力“八个强化”、持续推进“7531”防旱抗旱工作机制，坚持7天滚动预测、5天研判预警、3天调度交办、1天督促落实。强化组织领导，成立防旱抗旱工作专班，每日一会商、每日一调度，确保各类防旱抗旱措施落到实处。

“7”是坚持“7天滚动预测”：加强与农业、气象等部门沟通协调，根据当前雨水工情、墒情、蒸发量、农情以及气象预报等，利用干旱监测预警系统，7天滚动预测分析旱情发展趋势。统筹防汛抗旱工作，严防旱涝急转，确保度汛抗旱安全。

“5”是坚持“5天研判预警”：提前5天预警到县，督促指导市县、各类农村供水工程和灌区管理单位全面掌握工程供用水形势，对干旱风险较大的区域及时预警到乡镇甚至到村。定期分析研判旱在哪、什么旱、为什么旱、有多旱等干旱形势，研究解决措施，并及时报告。

“3”是坚持“3天调度交办”：每周三、周日点对点调度掌握旱情旱灾、防旱抗旱信息。根据干旱程度或抗旱工作需要，加密调度频次。加强旱情旱灾信息核查，当某一县（市、区）农作物受旱面积达到1万亩或群众因旱饮水困难人数达到1000人时，省水利厅第一时间派出工作组现场核查，并指导采取应急处置措施。

“1”是坚持“1天督促落实”：每天督导市县水利部门、大中型灌区和千吨万人农村供水工程管理单位责任人落实防旱抗旱措施。根据分析研判和流域、区域旱情特点，因地制宜、因时制宜交办防旱抗旱工作目标、任务、措施，并按照“1天督促落实”要求，督导市县水利部门、大中型灌区和千吨万人农村供水工程管理单位责任人落实防旱抗旱措施。

市、县级水行政主管部门对照省级水行政主管部门建立精准防旱抗旱工作机制，成立防旱抗旱工作专班，加强沟通协调、信息共享、舆情管控，确保上下联动精准、机制有序运行。

6.2.2 调度决策

调度决策是指运用抗旱会商的结果，落实防旱抗旱措施。目前，常用的抗旱措施主要有：完善机制，科学谋水；提前蓄水，精准保水；联合调水，及时补水；精细管水，节约用水；积极增水，全力供水。

“完善机制，科学谋水”是指省委、省政府基于气象、水利部门对本年汛期雨情、水情趋势的预判，确定本年防汛抗旱工作总目标。随着旱情露头，迅速建立“八个强化”、“八个精准”以及“7531”抗旱工作机制。

“提前蓄水，精准保水”。提前蓄，科学研判干旱形势，在保障防洪安全的前提下，精准调度各类水库蓄水，确保水库蓄水量，为后期抗旱减灾提供充足的水源保障；精准保，干旱发生后，充分发挥水利工程“抗大旱，抗长旱”的基础作用，开展渠道清淤扫障、机埠维护、管网延伸，用好每一方水，并且通过优化水电联调，合理安排发电用水，尽力蓄水保供保灌，为抗长旱做好水资源储备。

“联合调水，及时补水”。调水方面，省水利厅坚持流域一盘棋开展水量调度，按照一水多用、统筹兼顾、分类施策的总体思路，精细调度大中型水库抗旱保供水；补水方面，各地各部门根据干旱发展，及时通过外河调水、泵机提水、疏浚引水、筑坝拦水等综合措施，积极补水。

“精细管水、节约用水”。管水方面，抗旱期间，省水利厅开展“千名水利干部到田间”行动，派出工作组赴旱区一线指导管水护水，精准对接灌区、农村供水工程，算清水账、细水长流，做好水资源调配；科学编制抗旱保供水预案，摸清风险隐患，精细用好每一方水；开展灌区渠道清淤扫障、管水护水用水。节水方面，抗旱期间，省水利厅专门制作抗旱节水海报，在红网等主要媒体发布节水倡议，宣传本年干旱形势，号召各级各部门从点滴做起，全力开展抗旱节水，并开展多种形式的节水宣传和节水器具推广使用，提升民众节约用水、保护水资源的意识。

“积极增水，全力供水”。抗旱期间，省水利厅加强与相关部门协调配合，落实落细各项抗旱措施，全力服务抗旱保供水。发动各方力量，借助多种手段，全力以赴实现“开源”。积极筹措各类抗旱资金，开展抗旱应急项目建设以及打井找水、人工增雨、抗旱保苗等抗旱减灾工作。针对局部高海拔山区因旱饮水困难问题，出动送水车辆进行应急送水，保障高海拔旱区群众基本生活用水。

6.3 湖南省干旱灾害防治建议

抗旱减灾是一门涉及水利、气象、农业、地理、社会等的交叉学科，需要综合运用自然科学和社会经济科学中多学科的相关成果。抗旱减灾能力的提高需通过工程措施和非工程措施的有效结合，合理开发、调配、节约和保护水资源来实现。

6.3.1 加强应急备用水源建设

抗旱应急水源工程是为发生严重干旱时，且常规水源工程无法解决的受旱地区城乡居民饮水，以及重点工业、农业和生态核心区基本用水问题而建设的水源工程及配套工程，其建设与常规水资源配置工程不同，目标是解决干旱期间临时性用水问题。2014—2016 年，湖南省以“项目区选择充分体现区域易旱特征、工程功能反映应急抗旱特点”为工作原则，因地制宜、统筹谋划，并按照“先挖潜、后配套，先改建、后新建”的次序合理规划并开展抗旱应急水源工程建设。目前，湖南省水利厅已在省内 34 个重点干旱县建设抗旱应急水源工程 196 处，在严重及以上干旱期，可提供抗旱应急水量 1.56 亿 m^3，有效保障 179 万群众、109 万亩基本口粮应急用水，具有一定的抗旱减灾综合效益。但与全省抗旱规划中确定的目标任务相比，当前工程新增的供水规模仅为规划目标的 1/5，还有很多受旱县需要开展工程建设，仍应不断推进抗旱应急水源工程建设工作，不断提升地区抗旱减灾工程能力。

6.3.2 建立完善的信息共享机制

湖南省当前实施的防旱抗旱减灾工作方式主要还是以逐级上报的工作方式为主，信息整合时间长、效率低。完善的信息共享机制是防旱抗旱长效管理机制构建的重要组成部分，需要气象、水利、农业以及供水管理等多个部门的共同配合和协调运作，相互提供更加精准的水利、农情、雨情等信息，在各部门内部提升信息的共享效率，高效地进行信息互动，做好信息的日常管理工作，才可以促进防旱抗旱减灾工作的有效推进。

自 2018 年机构改革后，之前在水利部门的防汛抗旱部分职责和防汛抗旱指挥部全部职责划入了应急管理部门。机构改革使得防汛抗旱工作需与应急管理工作进行重新整合，须逐步理顺机构改革后的抗旱管理机制，建立科学的干旱灾害管理机制，落实各级抗旱责任人负责制，切实提高抗旱减灾能力和效率；要充分挖掘现有水利工程的抗旱功能，全面提高流域和区域应对大旱、长旱的能力，切实搞好抗旱减灾应对工作；要组织协调好水利、气象、生态、农业、供水管理和经济等其他各部门进行系统全面的灾前准备，做好灾情记录和复盘，实现行业间信息共享，尽量减少干旱灾害对生产生活造成的不利影响。经验表明，多途径分担干旱灾害风险是降低干旱灾害风险和减轻干旱灾害损失的有效手段。

6.3.3 提升抗旱减灾科技水平

目前，湖南省抗旱减灾科技应用的总体水平还比较低，抗旱减灾决策支持系统还比较薄弱。旱灾程度和损失基本都来自各级政府的通告，土壤墒情监测站点精度不高，抗旱监测预警和指挥调度手段有限，网络平台建设不够完善，高效节水等抗旱措施推广应用不足。必须进一步提升防旱抗旱减灾科技应用水平，以满足应对重特大干旱灾害的要求。加快湖南省抗旱“四预”平台的构建，加强干旱灾害防御预报、预警、预演、预案“四预”能力，实现水利工程精细化调度，最大限度地发挥水利工程的防灾减灾效益。应用实时的监测和传输手段，获取及时有效的观测数据，构建可应用的水文模型、水利工程调度模型和需水预测模型，实现对旱情的精确评估，从而为科学且有效地开展旱情风险管理、积极应对旱情提供技术支撑。加强抗旱减灾工作中科技水平的应用，加强高效节水等抗旱措施的推广，以现代技术为基础提升抗旱减灾能力，对于科学指导用水、降低干旱灾害影响具有重要的现实意义。

6.3.4 增强群众抗旱减灾意识

防旱抗旱减灾工作是一项公共事业，不仅要依靠政府部门，更需要社会和公众广泛全面的参与。通过科普读物、宣传册、报纸、电视、网络等多种方式，加强抗旱减灾知识以及相关政策、法规的宣传、普及；完善分层分级的专业人员动员机制，编制专业教材，开展抗旱减灾相关知识、技术、措施的培训；持续开展宣传活动，深入宣传节水的重大意义，推行节约用水制度和措施，推广节水新技术、新工艺，倡导节水和低碳生活方式。通过以上方式，切实加强对抗旱减灾政策、知识的宣传和普及，夯实防旱抗旱宣传机制，增强公众的防旱抗旱减灾意识，为建立健全防旱抗旱减灾长效机制奠定广泛重要的社会化基础。

第 7 章 湖南省防旱抗旱成果应用

为切实做好湖南省防旱抗旱工作，全力服务群众饮水安全、粮食生产安全，从旱情等级标准、水文站点旱警水位（流量）、抗旱应急水量调度、风险管理等多个方面开展防旱抗旱成果应用工作，全面提升全省干旱灾害防御能力，并实现与社会管理的有机结合。

7.1 旱情等级标准

由于影响干旱的因素很多，干旱成因也不尽相同，全国各区域气候、地理条件差异较大，目前难以采用全国统一的干旱评判标准。2022 年，省水利厅开展《湖南省区域旱情等级标准》编制工作，该项工作可为区域干旱监测预警、预报、预演等有关研究应用提供技术支持，为湖南省各区域编制《抗旱预案》提供技术参考。

《湖南省区域旱情等级标准》统筹考虑当地地理气候条件和应急抗旱能力，针对不同类型干旱进行旱情等级判别，优先确保城乡居民生活用水安全；规定了湖南省区域农业、城镇、农村因旱饮水困难及区域综合旱情评估步骤、评估指标与等级划分等，适用于湖南省县（区）行政区域的旱情评估工作。

根据湖南省不同区域自然地理、气候、水文及水资源情况，以及干旱灾害风险评估区划结果，对全省进行旱情评估分区，分为湘中、湘西、湘南及洞庭湖区域，具体分区结果见图 7.1-1。

区域农业旱情指标包括降水量距平百分率、连续无雨日数、土壤相对湿度、作物灌溉缺水率、断水天数，各指标适用范围应符合标准中的规定；城镇旱情指标宜采用城镇干旱缺水率，评估方法和等级划分应根据标准中的规定执行；农村因旱人饮困难指标采用因旱饮水困难人口百分率，评估方法和等级划分应根据标准中的规定执行；评定区域综合旱情等级应综合考虑区域农业旱情、城镇旱情及农村因旱人饮困难情况，按区域农业旱情、城镇旱情及农村因旱人饮困难三者之间的等级高者确定。

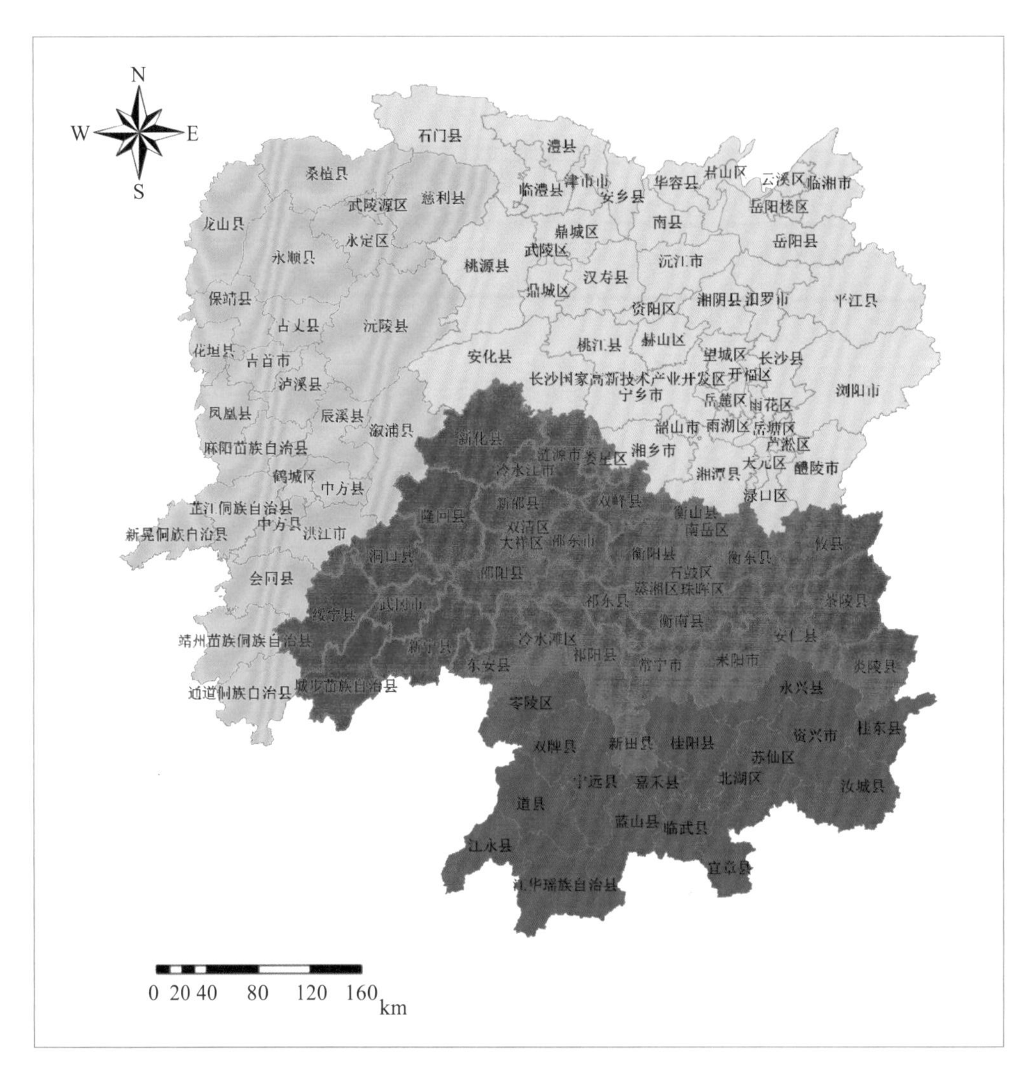

图 7.1-1　湖南省旱情评估分区

7.2　站点旱警水位（流量）

站点旱警水位（流量）指的是江河、湖泊和水库水文测站的水文干旱预警水位（流量）。水文干旱预警水位（流量）指江河湖库水位持续偏低，流量持续偏小，影响城乡生活、工农业生产、生态环境等用水安全，应采取抗旱措施的水位（流量）。在抗旱实践工作中，已经形成的枯水期江河来水量、水库（湖泊）水位（蓄水量）等干旱预警指标，也属于水文干旱预警水位（流量）的范畴。旱警水位（流量）是确定江河湖库干旱预警等级的重要指标，是判别干旱和启动抗旱应急响应级别的重要依据，江河湖库水文干旱预警指标的确定是提升干旱预警能力、实现主动防御区域干旱的重要手段。湖南省通过现场调查，同时应用风险普查数据，开展了站点旱警水位（流量）工作。

7.2.1 江河断面水文干旱预警水位（流量）确定方法

目前，江河断面水文干旱预警水位（流量）确定方法主要有比例折减法、水文频率法、最低流量/水位保障法、水量叠加法、综合约束法、分级分期综合法。其中，比例折减法和水文频率法计算简单，但要求河道内外供需关系处于一个稳定状态；最低流量/水位保障法根据河道生态、社会经济取水工程等基本流量/水位要求，确定江河断面的最低保障流量/水位，适用于流量较大的江河断面；水量叠加法和综合约束法能够考虑多用户的用水需求，是目前应用较多的方法，但没有考虑年内需水过程的变化，且只有单一预警级别，其中综合约束法在水量叠加法的基础上进一步结合航运、取水工程等水位约束；分级分期综合法则是综合了前几种方法优点的一种精细化计算方法，能够适用于多种情况的江河断面，并且满足预警分级、指标分期的管理要求。

7.2.2 水库水文干旱预警水位（流量）确定方法

目前，水库水文干旱预警水位（流量）确定方法主要有比例折减法、水量平衡法、分级分期逆序递推法。其中，比例折减法通过历史经验来确定干旱情况下的折减系数，操作简单，但主观性大，要求水库供需关系处于一个稳定状态；水量平衡法根据干旱期水库逐月来水与用水情况确定干旱情况下水库的应蓄水量，但是并未进行分级分期的划分，全年只能使用一个值来预警，管理上不够精细；分级分期逆序递推法则是综合了以上两种方法优点的一种精细化计算方法，并且满足预警分级、指标分期的管理要求。

7.3 应急水量调度

抗旱预案制度是国家突发事件应急机制的重要组成部分，目前我国抗旱预案体系已基本建立。国家防汛抗旱总指挥部办公室自 2003 年开始推行抗旱预案制度，先后出台了《抗旱预案导则（试行）》（2004 年）、《抗旱预案编制大纲》（2006 年），2006 年国务院颁布了《国家防汛抗旱应急预案》。目前省内各地的防汛抗旱应急预案已编制完成，制定并推行抗旱预案制度是变被动抗旱为主动抗旱的有效措施，是推动抗旱工作实现正规化、规范化、制度化的一项重要内容。

为进一步修订完善水旱灾害防御应急响应工作规程，明确不同干旱等级应急响应启动条件和程序、会商研判程序、抗旱减灾措施等，健全气象预报、水文预警与干旱防御应急响应联动机制，并适时启动。2020 年，水利部办公厅下发了《水利部办公厅关于印发应急水量调度预案编制指南（试行）的通知》（办防〔2020〕249 号）。

2022 年，为开展湖南省防旱抗旱基础研究工作，完善全省防旱抗旱减灾非工程措施体系，进一步掌握全省典型干旱区域的水资源供需、生态用水、水利工程现状及国民经济和社会发展要求，针对可能发生的干旱缺水或生态安全、需要启动应急水量调度的事件，及时且有效保障用水安全。

2022 年 8 月 16 日，省水利厅下发关于全面加强水资源调度工作的通知，指导各大型水库编制抗大旱、抗长旱、抗极端干旱调度计划。督促农村供水工程、灌区管理单位编制完善抗旱保供保灌预案，明确保障范围、人数和面积，分析供用水形势。

在确保防洪安全的前提下，按照一区域一策、一库一策要求，坚持一场降雨一场调度，逐区域、逐库分类指导蓄水保水。干旱发生后，督促指导相关地区、水利工程管理单位统筹生活、生产、生态用水需求，通过积极找水调水、筑坝取水等方式增加抗旱水源，采取定额灌溉、轮灌以及限时限量供水等措施合理有序用水，加强应急水量调度，科学调配水资源。

7.4 风险管理系统

以湖南省水旱灾害风险普查成果数据为基础，通过将普查成果数据数字化，搭建湖南省水旱灾害风险管理系统。系统可分类型、分区域、分层级、多维度地进行洪水和干旱的风险评估、风险区划和防治区划展示；将雨水情数据与水文水动力模型相耦合，实现流域洪水实时分析计算、动态演进模拟和灾损评估，为帮助摸清湖南省水旱灾害风险底数、查明重点区域洪旱抗灾能力、客观认识灾害风险水平，有效开展防汛抗旱工作提供技术支撑，为湖南省数字孪生流域建设奠定基础，推动全省智慧水利高质量发展。湖南省水旱灾害风险管理系统界面见图 7.1-2。

图 7.1-2　湖南省水旱灾害风险管理系统界面

系统中干旱模块主要包括干旱灾害致灾调查模块、干旱灾害风险评估模块、干旱灾害风险区划模块和干旱灾害防治区划模块。

干旱灾害致灾调查模块，主要是按照蓄水工程、引提水工程、调水工程、水井工程、应急水源统计全省的供水能力和水工程数量，按照多水源、双水源和单水源统计全省水源数量，统计全省各县（市、区）2017—2020 年供用水情况和 2008—2020 年的历史旱情旱灾损失。湖南省水旱灾害风险管理系统—干旱灾害致灾模块见图 7.1-3。

干旱灾害风险评估模块，按照 5 年一遇、10 年一遇、20 年一遇、50 年一遇和 100 年一遇 5 个不同干旱频率统计全省各县（市、区）农业及人饮高风险、中高风险、中风险、中低风险、低风险的县（市、区）数量，并根据全省各县（市、区）的区划类型和城镇水源情况统计城镇高风险、中高风险、中风险、中低风险和低风险的区（县）数量。湖南省水旱灾害风险管理系统—干旱灾害风险评估模块见图 7.1-4。

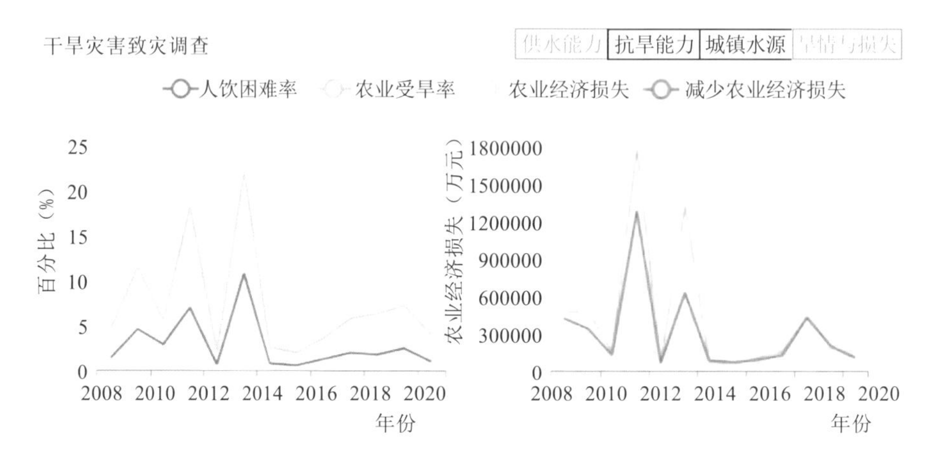

图 7.1-3　湖南省水旱灾害风险管理系统——干旱灾害致灾模块

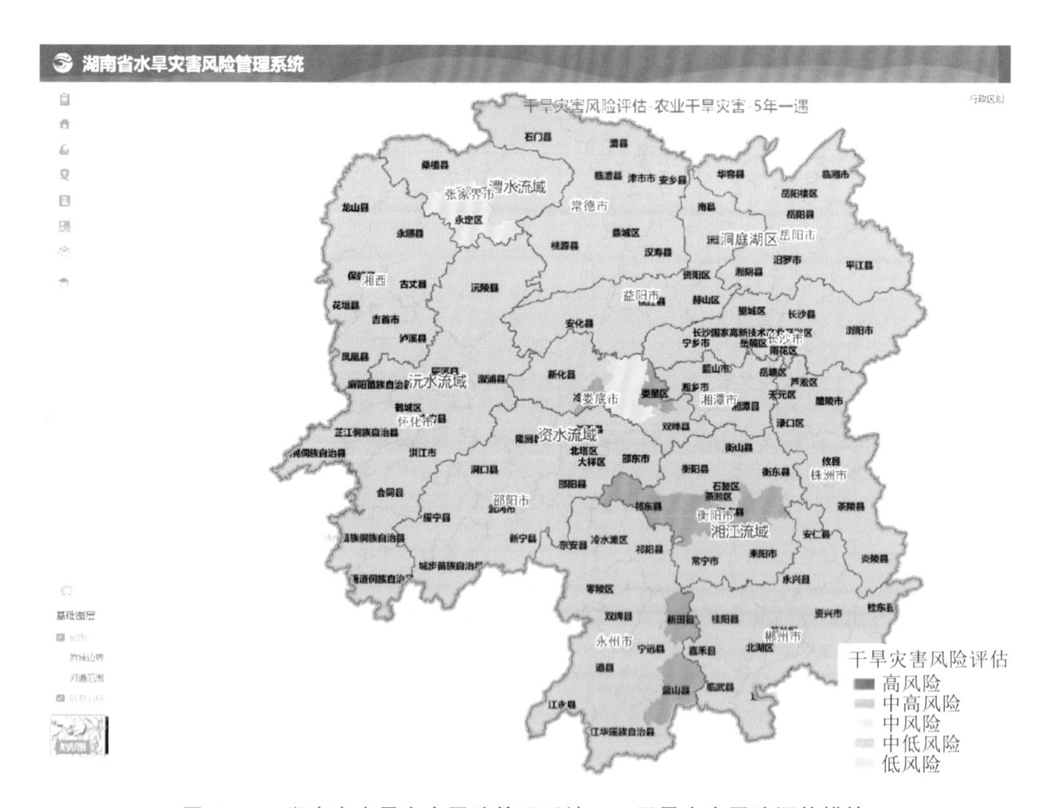

图 7.1-4　湖南省水旱灾害风险管理系统——干旱灾害风险评估模块

干旱灾害风险区划模块，主要是分析各县级行政区现状年不同频率下的农业旱灾影响和人饮困难情况，得到农业干旱灾害风险等级和因旱人饮困难风险等级判断矩阵表。城镇主要考虑县（市、区）类型及备用水源因素，判断城镇干旱风险等级；农业旱灾影响选择农业受灾率，人饮困难情况选择因旱人饮困难率为指标。湖南省水旱灾害风险管理系统—干旱灾害风险区划模块见图 7.1-5。

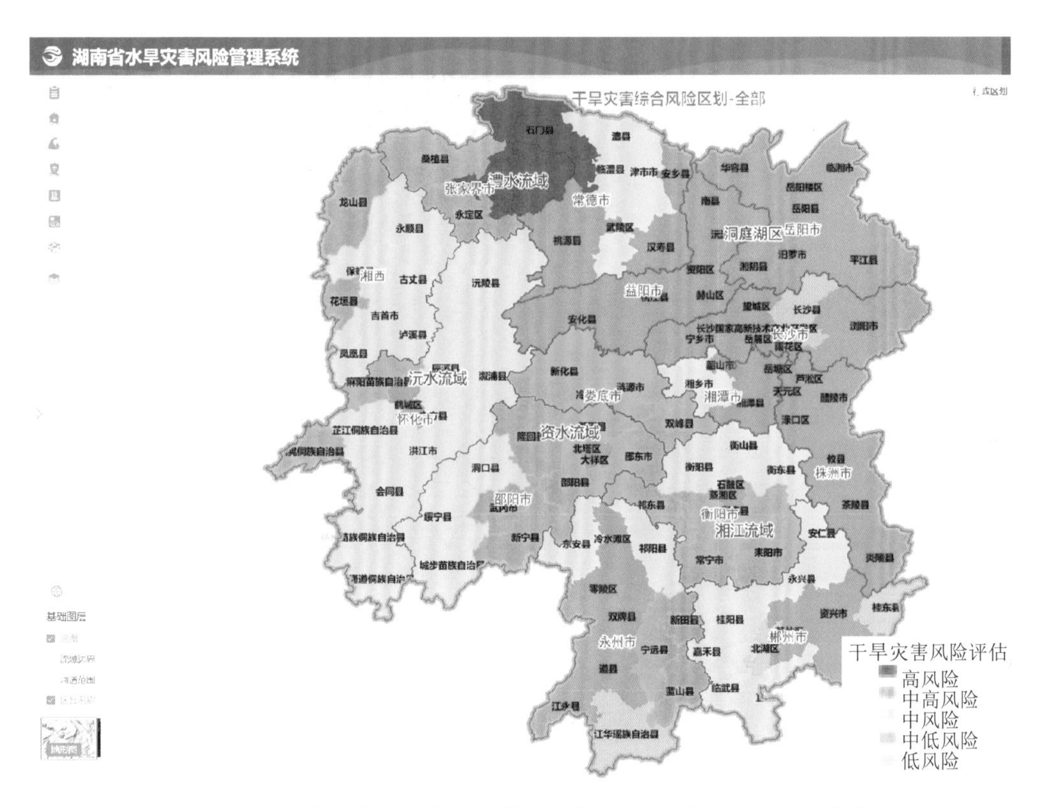

图 7.1-5 湖南省水旱灾害风险管理系统——干旱灾害风险区划模块

干旱灾害防治区划模块，主要是以县级行政区为单位编制省级干旱灾害易发区分布图，分析干旱灾害风险源，叠加干旱灾害风险区划成果，结合其他相关区划制定省级干旱灾害防治区划。其中，一级区划考虑历史干旱灾害影响的类型和特点，得到干旱灾害易发区分布图；二级区划考虑综合风险和抗旱减灾能力（不同干旱频率下的供水能力）。湖南省水旱灾害风险管理系统——干旱灾害防治区划模块见图 7.1-6。

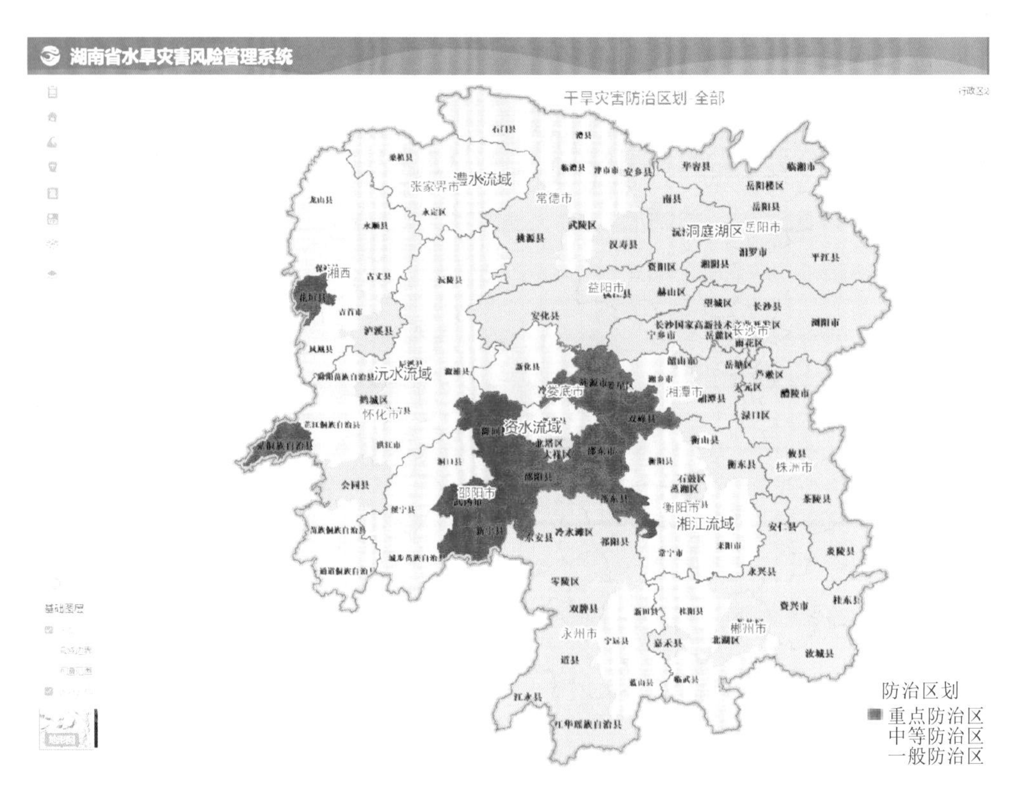

图 7.1-6　湖南省水旱灾害风险管理系统——干旱灾害防治区划模块

参考文献

［1］ 冯宝飞，邱辉，纪国良 .2022 年夏季长江流域气象干旱特征及成因初探［J］. 人民长江，2022，53（12）：6-15.

［2］ 夏军，陈进，佘敦先 .2022 年长江流域极端干旱事件及其影响与对策［J］. 水利学报，2022，53（10）：1143-1153.

［3］ 张强 . 科学解读“2022 年长江流域重大干旱”［J］. 干旱气象，2022，40（4）：545-548.

［4］ 张强，谢五三，陈鲜艳，等 .1961—2019 年长江中下游区域性干旱过程及其变化［J］. 气象学报，2021，79（4）：570-581.

［5］ 刘君龙，袁喆，许继军，等 . 长江流域气象干旱演变特征及未来变化趋势预估［J］. 长江科学院院报，2020，37（10）：28-36.

［6］ 张午朝，高冰，马育军 . 长江流域 1961—2015 年不同等级干旱时空变化分析［J］. 人民长江，2019，50（2）：53-57.

［7］ 刘建刚 .2011 年长江中下游干旱与历史干旱对比分析［J］. 中国防汛抗旱，2017，27（4）：46-50.

［8］ 李明，柴旭荣，王贵文，等 . 长江中下游地区气象干旱特征［J］. 自然资源学报，2019，34（2）：374-384.

［9］ 黄涛，徐力刚，范宏翔，等 . 长江流域干旱时空变化特征及演变趋势［J］. 环境科学研究，2018，31（10）：1677-1684.

［10］ 王文，许金萍，蔡晓军，等 .2013 年夏季长江中下游地区高温干旱的大气环流特征及成因分析［J］. 高原气象，2017，36（6）：1595-1607.

［11］ 王文，许志丽，蔡晓军，等 . 基于 PDSI 的长江中下游地区干旱分布

特征［J］．高原气象，2016，35（3）：693-707.

［12］ 陈国庆，张昊，朱仟．中国长江流域典型区域地下水干旱预测研究［J］．中国农村水利水电，2023：1-23.

［13］ 黎祖贤，周盛，樊志超，等．湖南特大干旱时空变化特征分析［J］．干旱气象，2018，36（4）：578-582＋616.

［14］ 龚成，周璀，肖化顺，等．基于多源遥感数据融合的湖南林地干旱动态监测研究［J］．中南林业科技大学学报，2018，38（10）：27-33.

［15］ 张剑明，廖玉芳，吴浩，等．湖南夏秋干旱及环流异常特征［J］．干旱气象，2018，36（3）：353-364.

［16］ 卢翔，唐仁杰．湖南洞庭湖区干旱特点及成因分析［J］．人民长江，2015，46（S2）：9-11.

［17］ 谷洪波，刘芷妤．湖南农业干旱灾害的时空分布、社会经济影响及形成机理探究［J］．山西农业大学学报（社会科学版），2015，14（11）：1081-1085.

［18］ 彭莉莉，戴泽军，罗伯良，等．2013年夏季西太平洋副高异常特征及其对湖南高温干旱的影响［J］．干旱气象，2015，33（2）：195-201＋226.

［19］ 罗伯良，李易芝．2013年夏季湖南严重高温干旱及其大气环流异常［J］．干旱气象，2014，32（4）：593-598.

［20］ 裴来琼，何大华．2013年湖南干旱反思——论水资源合理配置的必要性［J］．湖南水利水电，2014（3）：62-65.

［21］ 张超，罗伯良．湖南夏秋季持续性区域气象干旱的时空特征［J］．干旱气象，2021，39（2）：193-202.

［22］ 吴浩，张剑明，颜鹏程，等．湖南省不同时间尺度SPI干旱特征研究［J］．气象科技进展，2021，11（2）：139-147.

［23］ 周盛，周长青，樊志超，等．湖南极端干旱气候时段人影作业潜力分析［J］．气象科技，2020，48（2）：307-312.

［24］ 张曦，黎鑫．湖南省夏季高温热浪时空分布特征及其成因［J］．气候与环境研究，2017，22（6）：747-756.

［25］ 谷洪波，刘芷妤．湖南农业旱灾的时间规律分析及重灾年份预测［J］．湖南科技大学学报（社会科学版），2016，19（5）：110-116.

［26］ 蒋元才，蒋元华．遥感干旱监测模型研究及在湖南夏季高温干旱中的应用［J］．中国农学通报，2016，32（35）：178-183.

［27］ 刘芷妤．湖南农业干旱灾害重灾年份预测及应用［D］．湘潭：湖南科技大学，2016.

［28］ 王婷．洞庭湖流域近52年气象干旱的时空变化特征及影响因素分析［D］．长沙：湖南师范大学，2016.

［29］ 薛丽．湖南大型灌区干旱风险管理分析、评价［J］．湖南水利水电，2013（3）：45-49.

［30］ 屈艳萍，吕娟，苏志诚，等．湖南长沙市城市干旱预警研究［J］．中国防汛抗旱，2012，22（6）：12-15＋25.

［31］ 朱海涛，刘寿东，汪扩军，等．湖南晚稻干旱评估［J］．气象科技，2010，38（1）：120-124.

［32］ 孙红梅，张海波．湖南超百万台农机战干旱［N］．中国农机化导报，2022-09-12（1）.

［33］ 肖辉军．湖南省生态干旱遥感监测研究［D］．南京：南京大学，2019.

［34］ 李蔚，丁莉，汪玲，等．湖南夏秋干旱期一次飞机增雨作业过程分析［C］//第34届中国气象学会年会——云降水物理与人工影响天气进展论文集，2017：121-133.

［35］ 吴浩，张剑明，颜鹏程，等．湖南省不同时间尺度SPI干旱特征研究［J］．气象科技进展，2021，11（2）：139-147.

［36］ 孙浚凯．基于SRI的浑河流域水文干旱特征分析［J］．人民珠江，2021，42（2）：25-30＋51.

［37］ 谢国栋．吉安市农业干旱风险评估及区划［D］．南昌：南昌大学，2020.

［38］ 董忠龙．辽宁省鞍山市抗旱能力评价［J］．黑龙江水利科技，2020，

48（1）：253-257.

［39］ 黎业，覃志豪，独文惠，等．基于组合优化的山东省农业抗旱能力综合评价［J］．中国农学通报，2019，35（35）：134-140.

［40］ 王鹏涛．西北地区干旱灾害时空统计规律与风险管理研究［D］．西安：陕西师范大学，2018.

［41］ 樊传浩，王荣，陈祥喜．新时期专业队伍抢险能力评价指标体系研究——以江苏省防汛抗旱抢险为例［J］．消防界，2017（12）：133-134＋136.

［42］ 任怡．黄河流域干旱特征及抗旱能力研究［D］．西安：西安理工大学，2017.

［43］ 吴迪．我国13个粮食主产区农业旱灾风险评价［J］．经济研究导刊，2017（17）：18-21＋31.

［44］ 符静，秦建新，黎祖贤，等．“衡邵干旱走廊”历史降雨量时空特征及趋势分析［J］．环境科学学报，2017，37（8）：3097-3106.

［45］ 徐栋，李若麟，王澄海．全球变暖背景下亚非典型干旱区降水变化及其与水汽输送的关系研究［J］．气候与环境研究，2016，21（6）：737-748.

［46］ 韩兰英．气候变暖背景下中国农业干旱灾害致灾因子、风险性特征及其影响机制研究［D］．兰州：兰州大学，2016.

［47］ 国务院办公厅关于开展第一次全国自然灾害综合风险普查的通知（国办发〔2020〕12号）.

［48］ 国务院第一次全国自然灾害综合风险普查领导小组办公室关于印发〈第一次全国自然灾害综合风险普查总体方案〉的通知（国灾险普办发〔2020〕2号）.

［49］ 国务院第一次全国自然灾害综合风险普查领导小组办公室关于进一步做好普查地方试点工作的通知（国灾险〔2020〕4号）.

［50］ 国务院第一次全国自然灾害综合风险普查领导小组办公室关于印发〈第一次全国自然灾害综合风险普查工作进度安排〉的通知（国灾险〔2020〕5号）.

[51] 国务院第一次全国自然灾害综合风险普查领导小组办公室关于印发〈第一次全国自然灾害综合风险普查实施方案（修订版）〉的通知（国灾险〔2021〕6号）.

[52] 全国灾害综合风险普查总体方案（应急管理部，2019）.

[53]《第一次全国自然灾害综合风险普查总体方案》（国灾险普办，2020年）.

[54]《第一次全国自然灾害综合风险普查实施方案》（试点版）（国灾险普办，2021年）.

[55]《干旱灾害风险调查评估与区划编制技术要求（试行）》.

[56]《水旱灾害风险普查成果数据质检审核技术要求（试行）》.

[57]《湖南省人民政府办公厅关于开展第一次全国自然灾害综合风险普查的通知》（湘政办发〔2020〕40号）.

[58]《湖南省第一次全国自然灾害综合风险普查总体方案》.

[59]《区域旱情等级》（GB/T 32135—2015）.

[60]《干旱灾害等级标准》（SL 663—2014）.

附图

FUTU

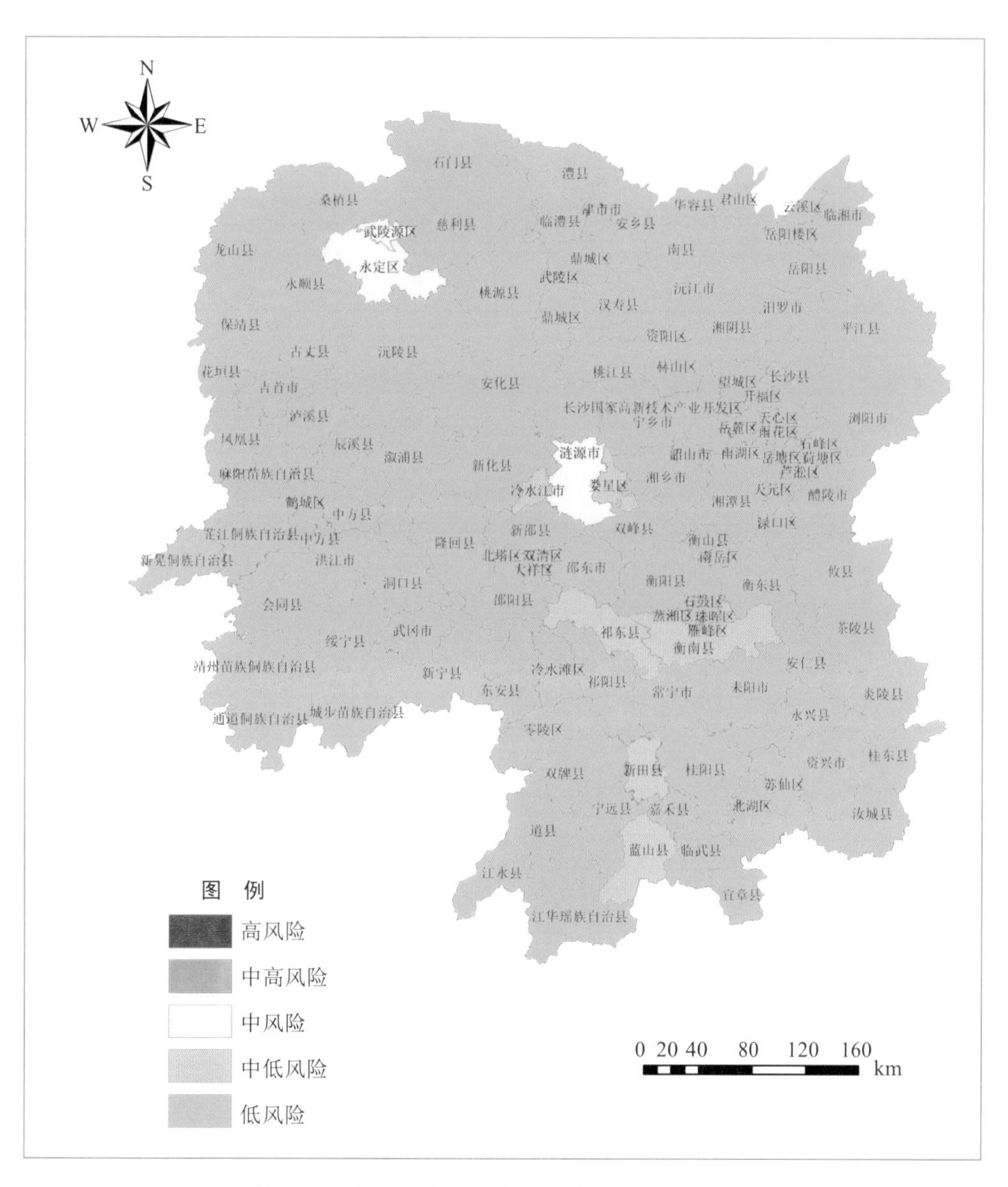

附图 1　湖南省 5 年一遇农业干旱灾害风险评估分布

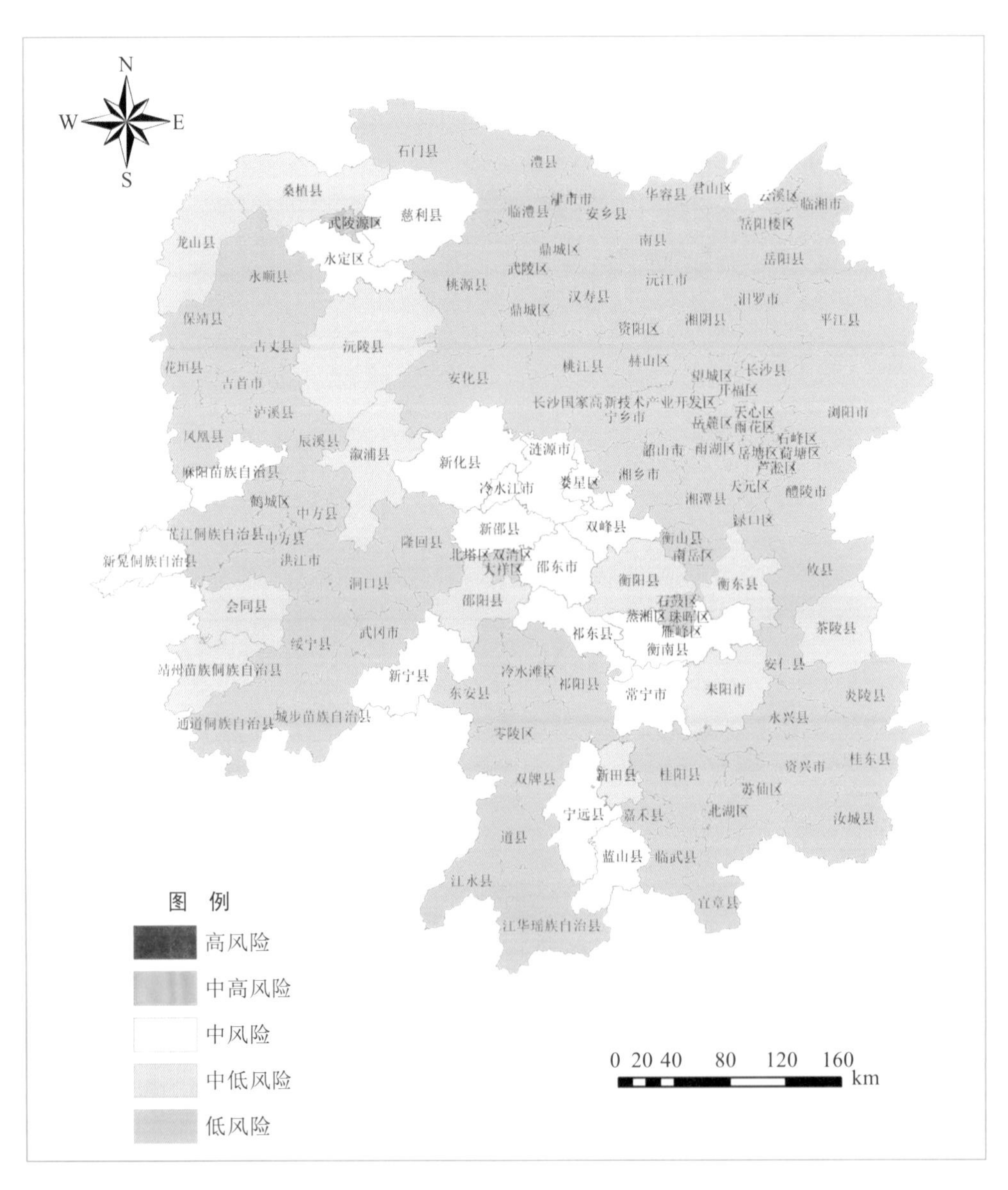

附图 2　湖南省 10 年一遇农业干旱灾害风险评估分布

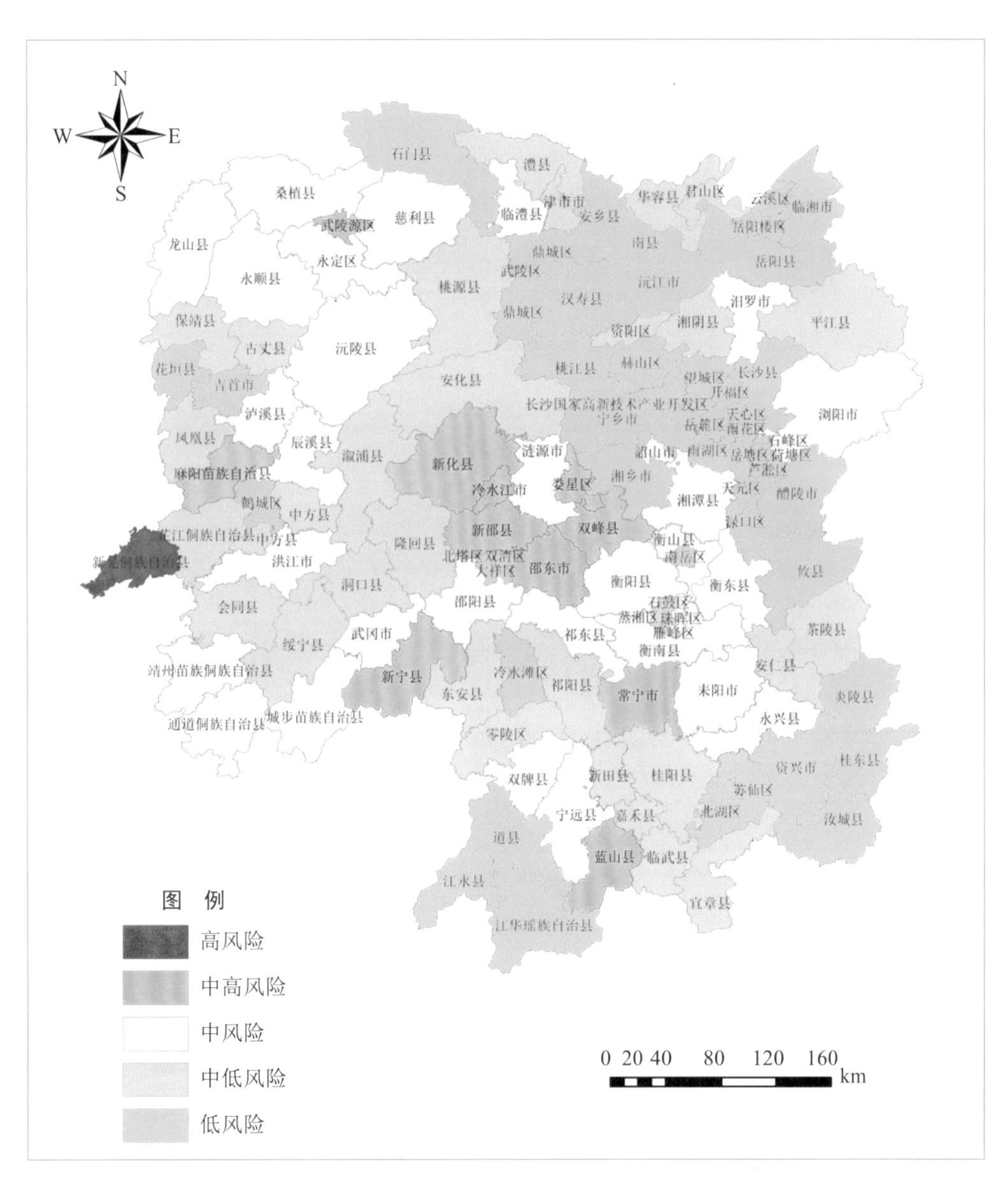

附图 3　湖南省 20 年一遇农业干旱灾害风险评估分布

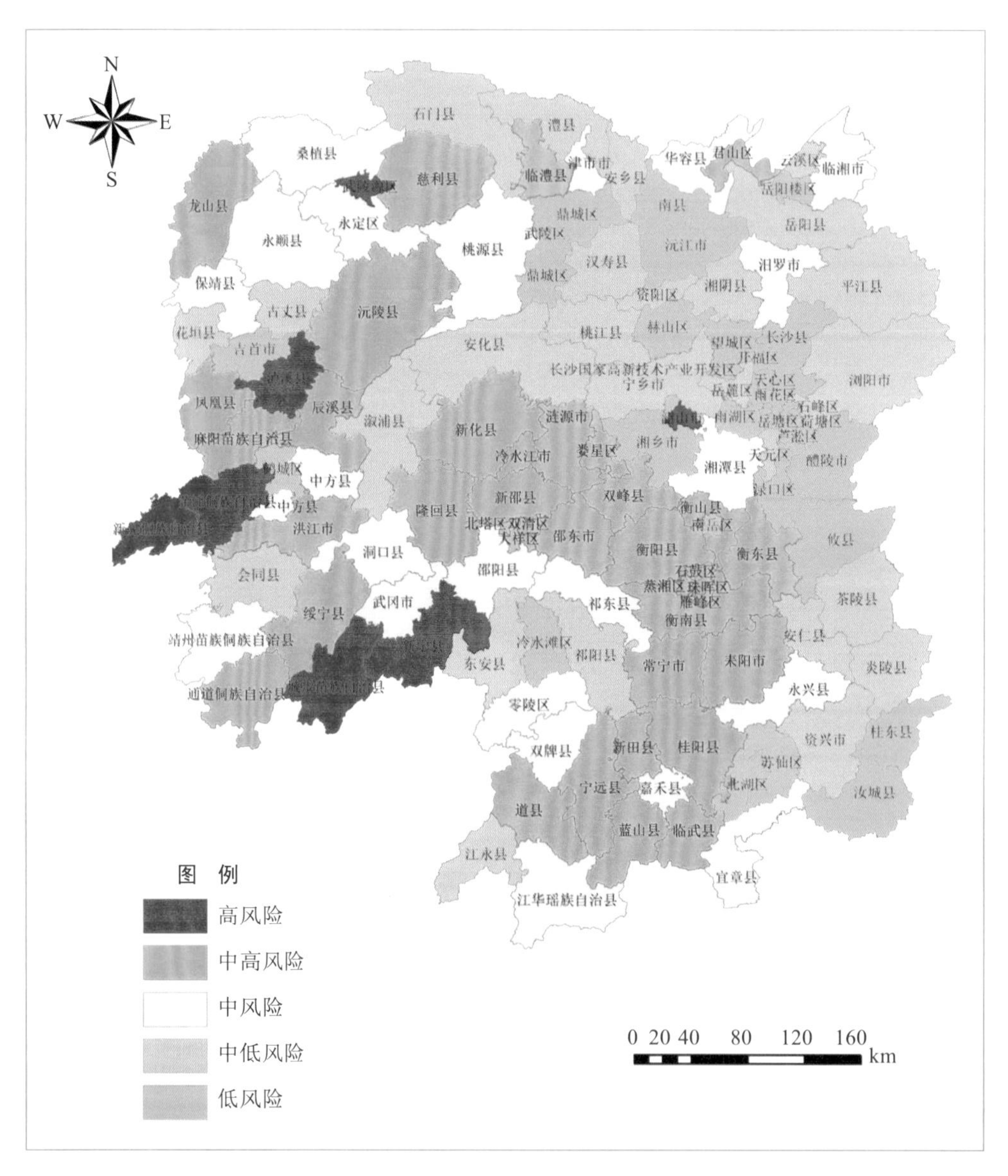

附图 4 湖南省 50 年一遇农业干旱灾害风险评估分布

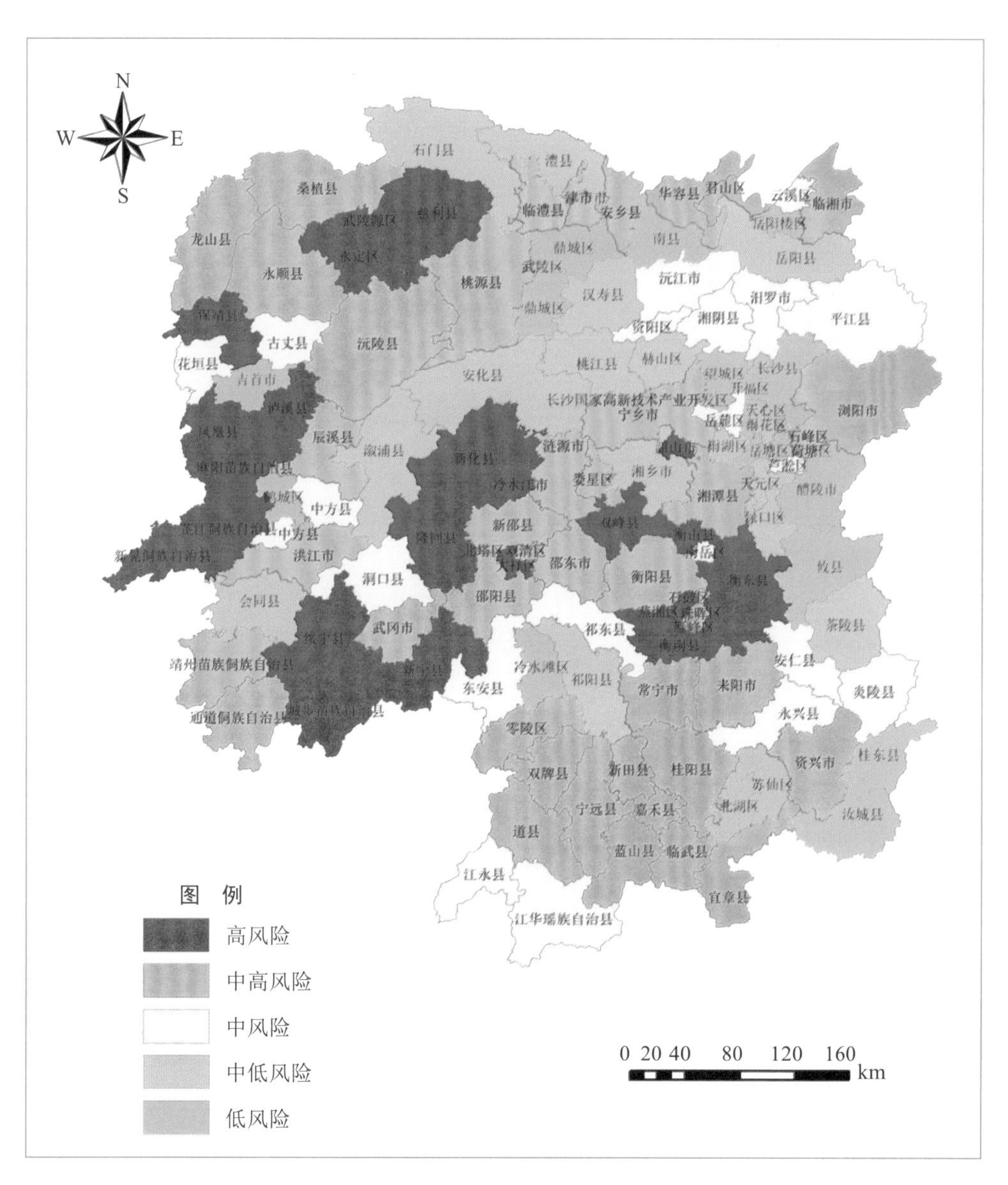

附图 5 湖南省 100 年一遇农业干旱灾害风险评估分布

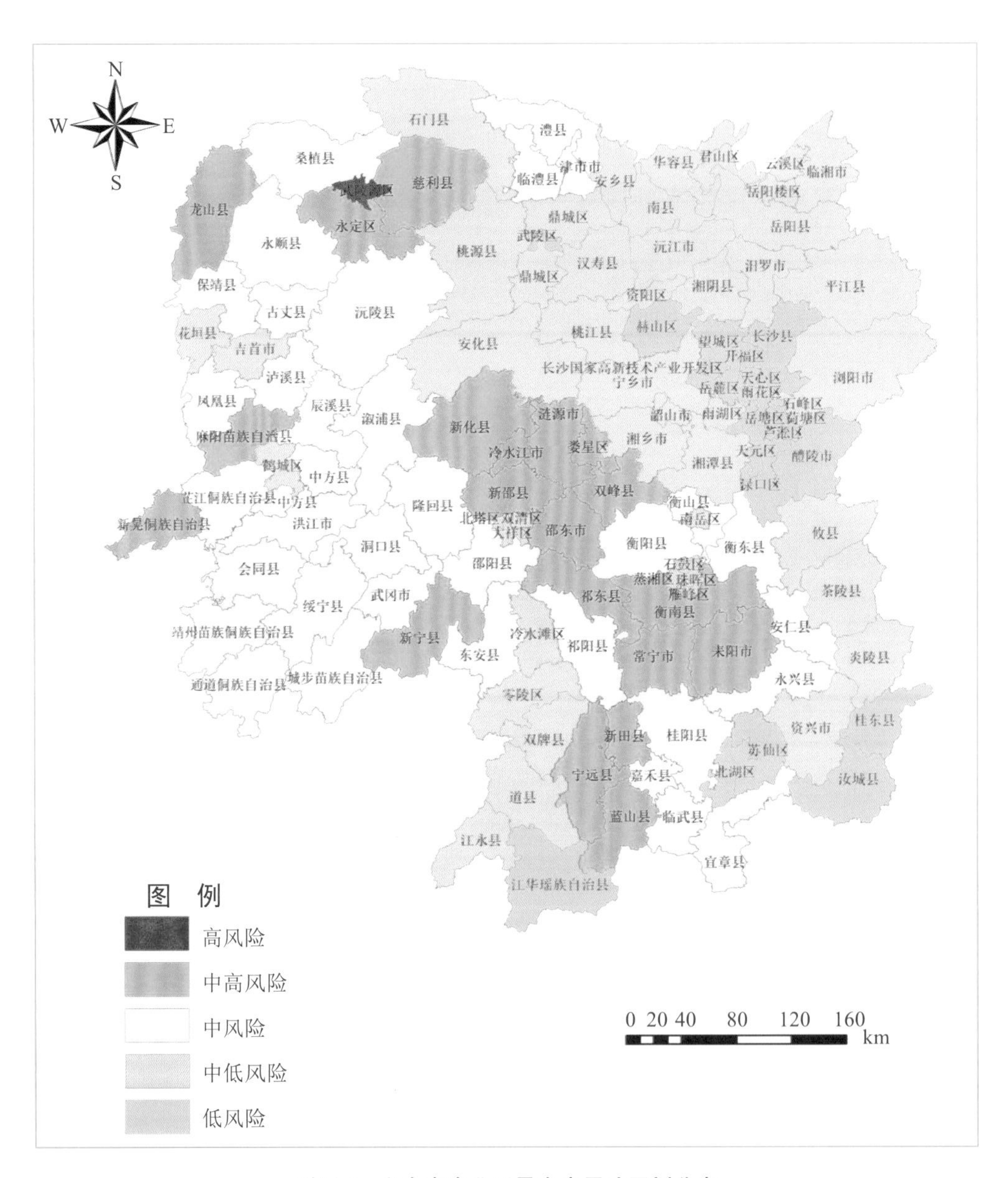

附图 6　湖南省农业干旱灾害风险区划分布

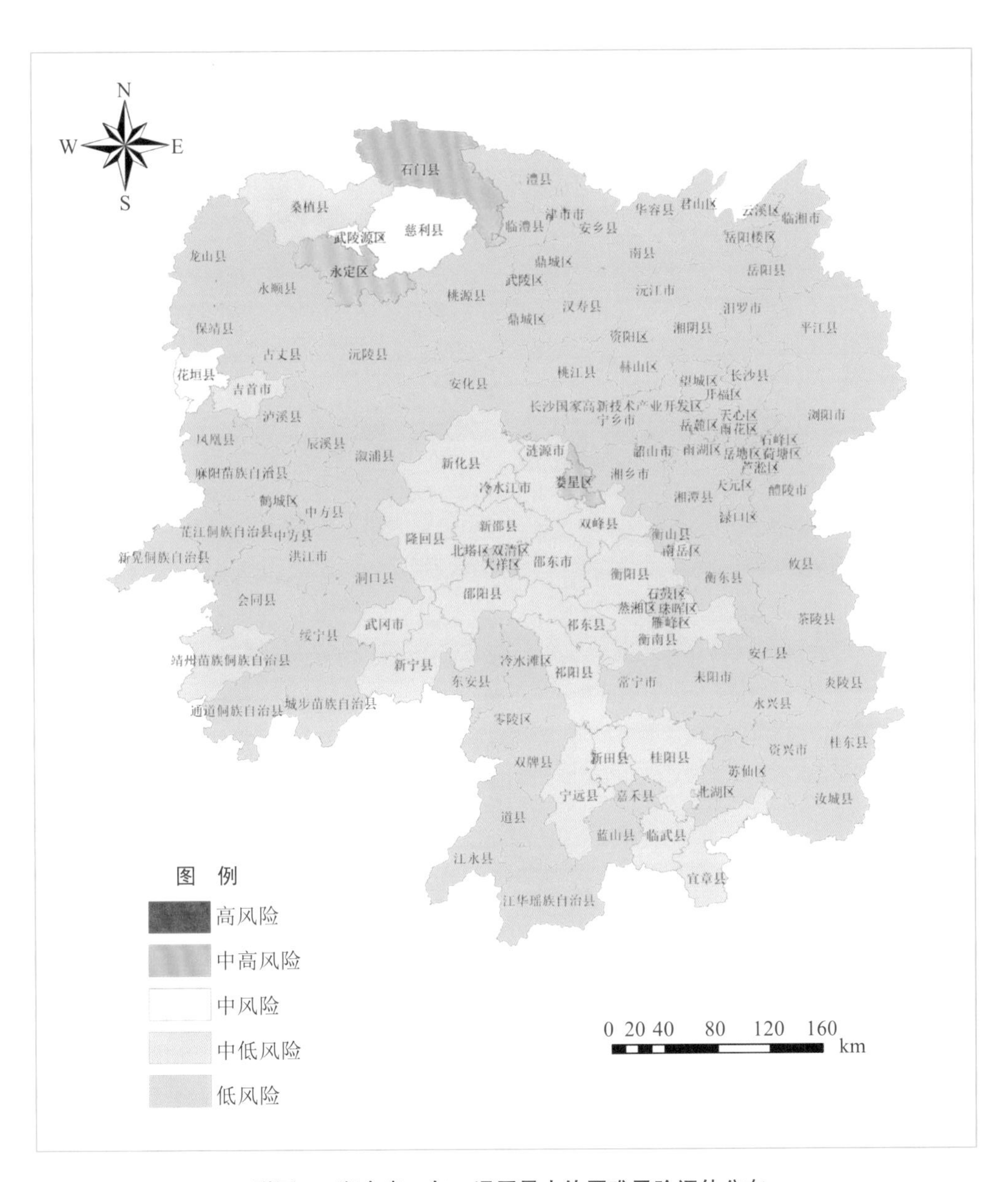

附图 7 湖南省 5 年一遇因旱人饮困难风险评估分布

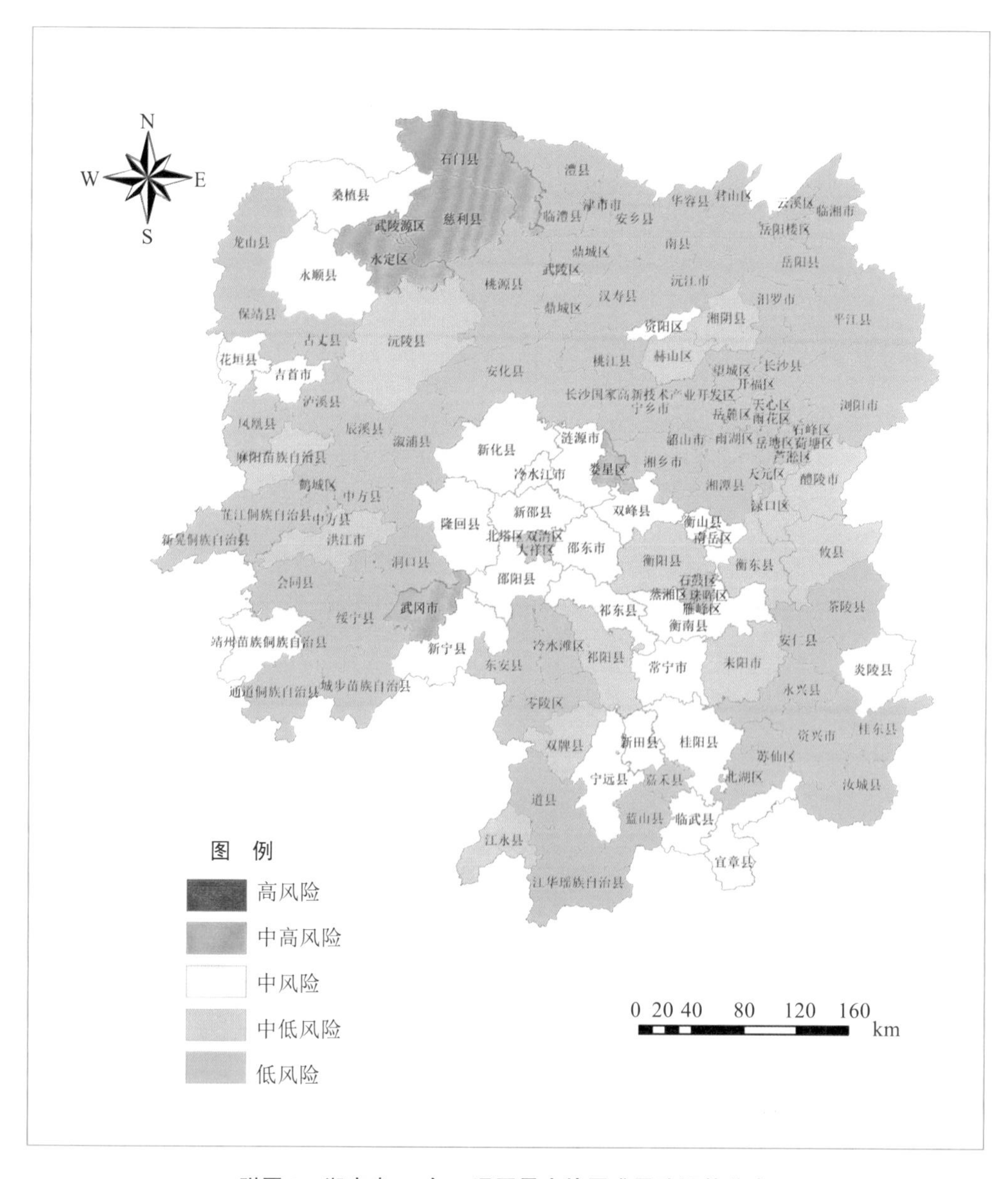

附图 8 湖南省 10 年一遇因旱人饮困难风险评估分布

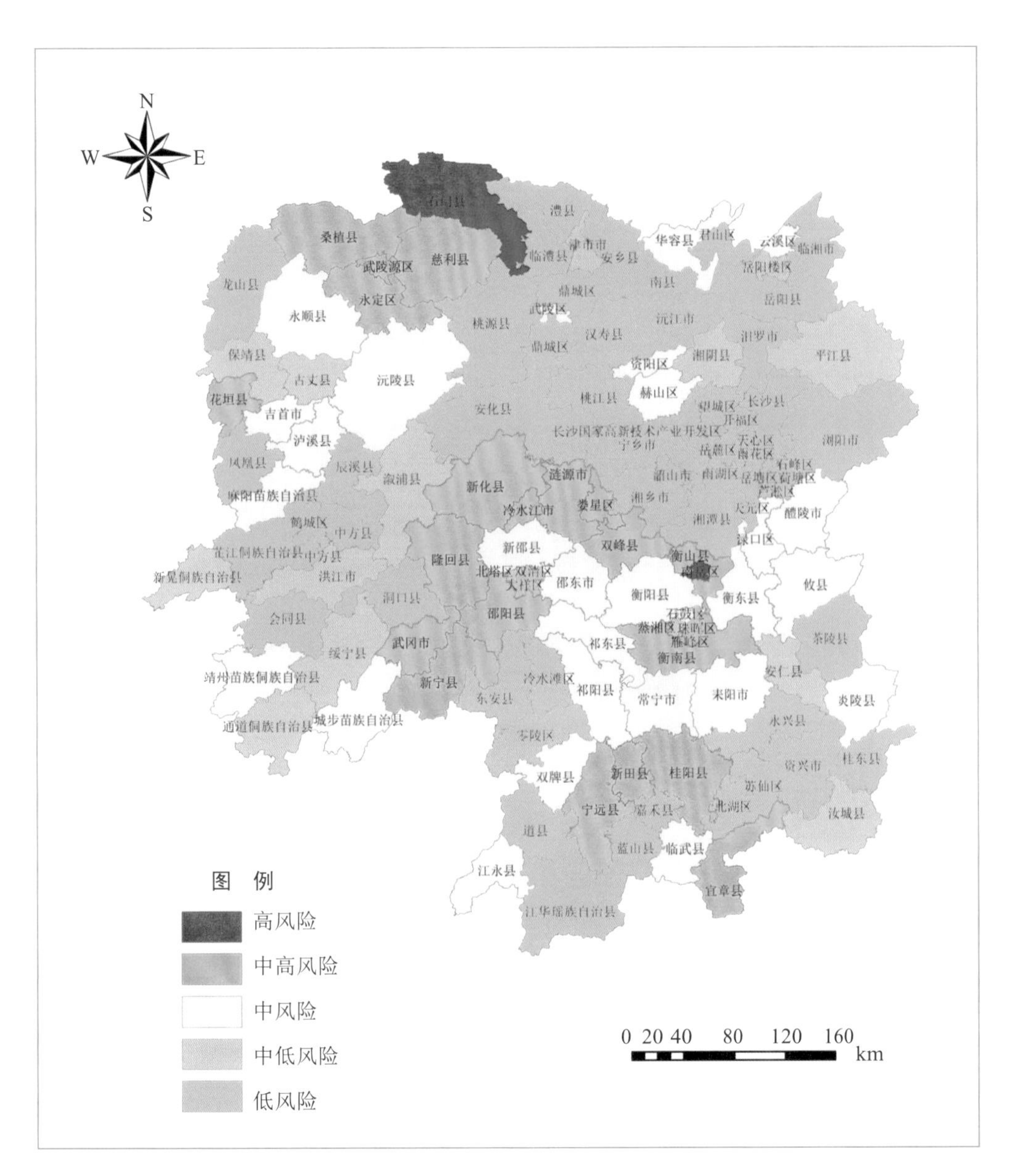

附图 9　湖南省 20 年一遇因旱人饮困难风险评估分布

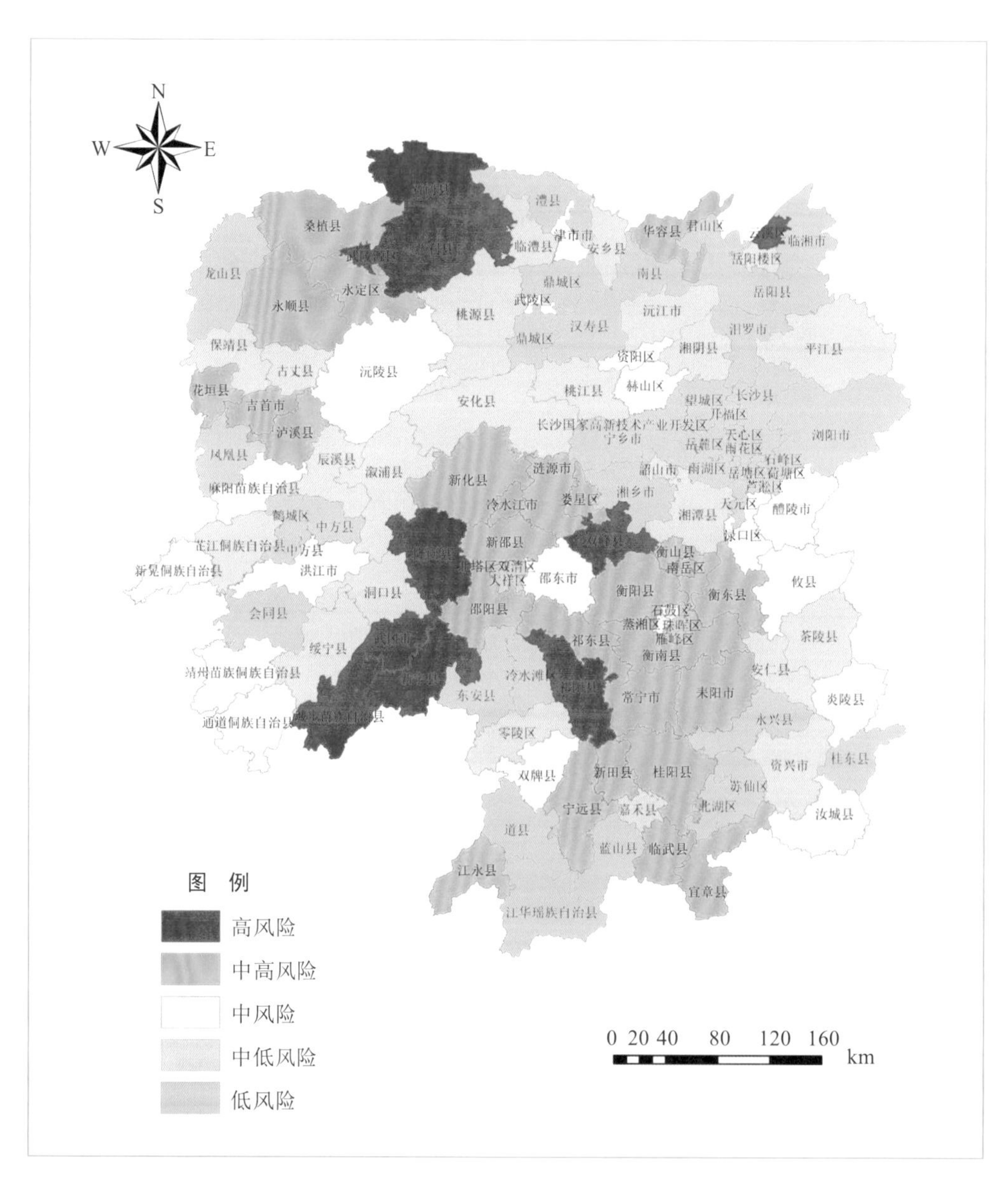

附图 10 湖南省 50 年一遇因旱人饮困难风险评估分布

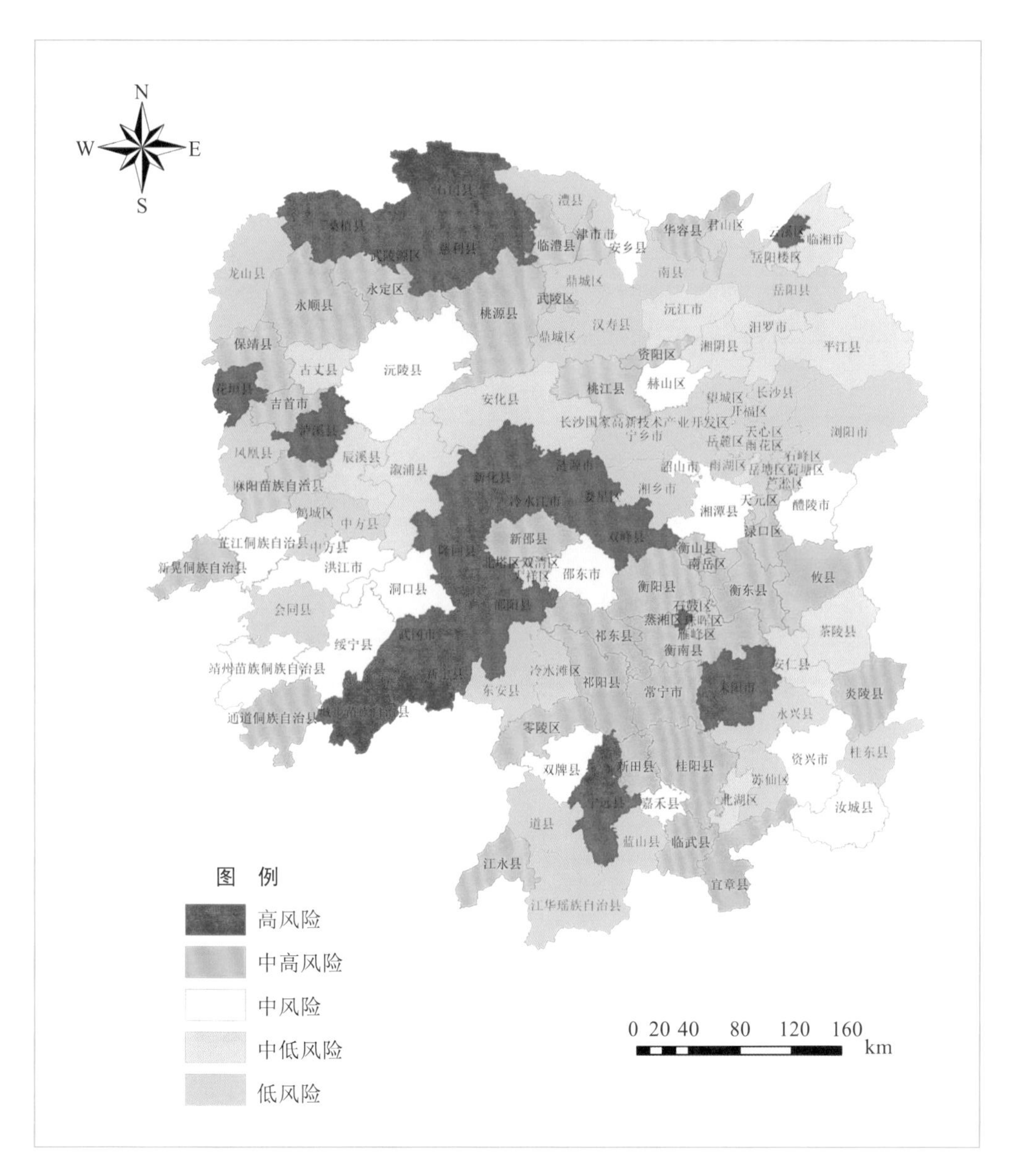

附图 11　湖南省 100 年一遇因旱人饮困难风险评估分布

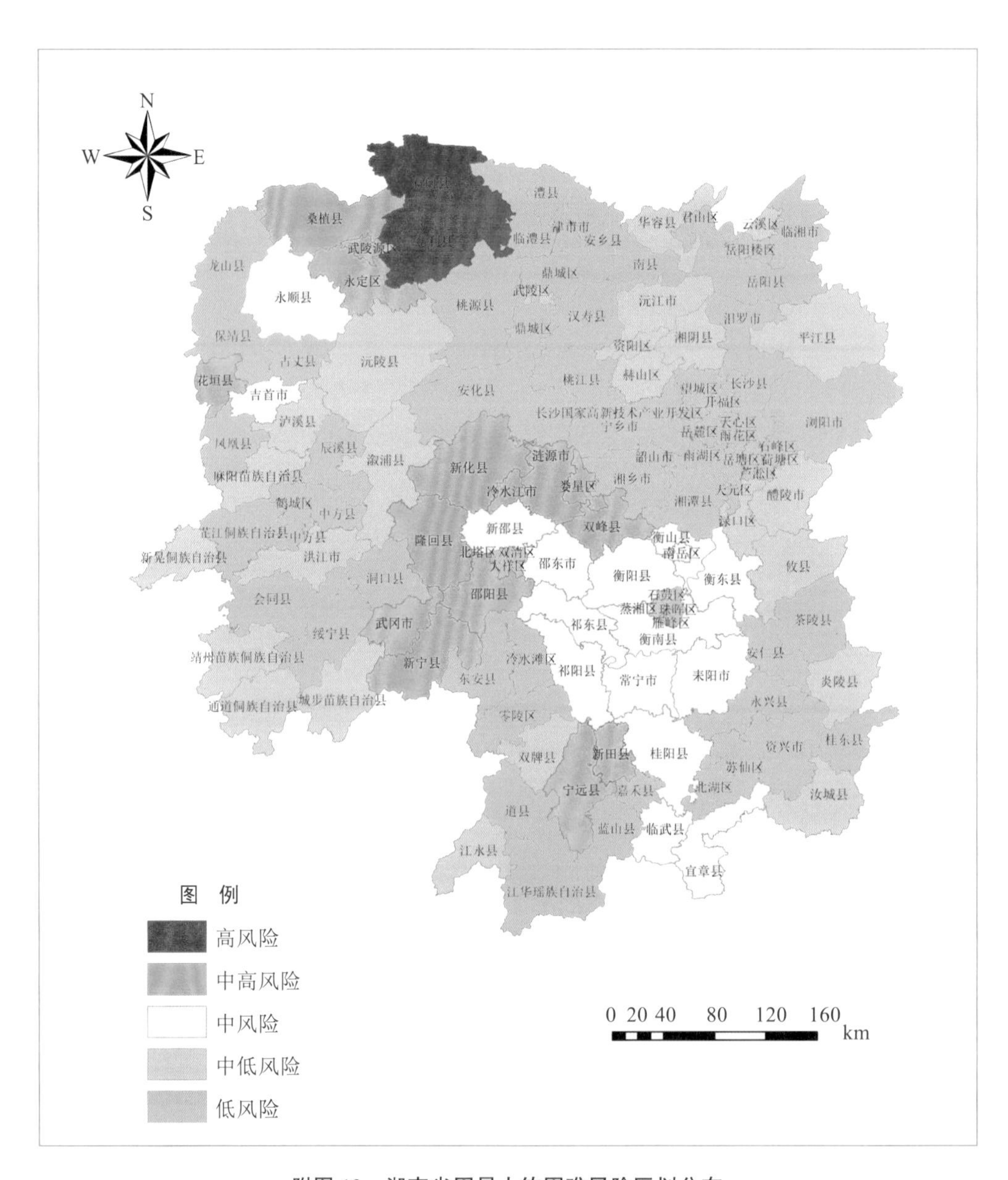

附图 12 湖南省因旱人饮困难风险区划分布

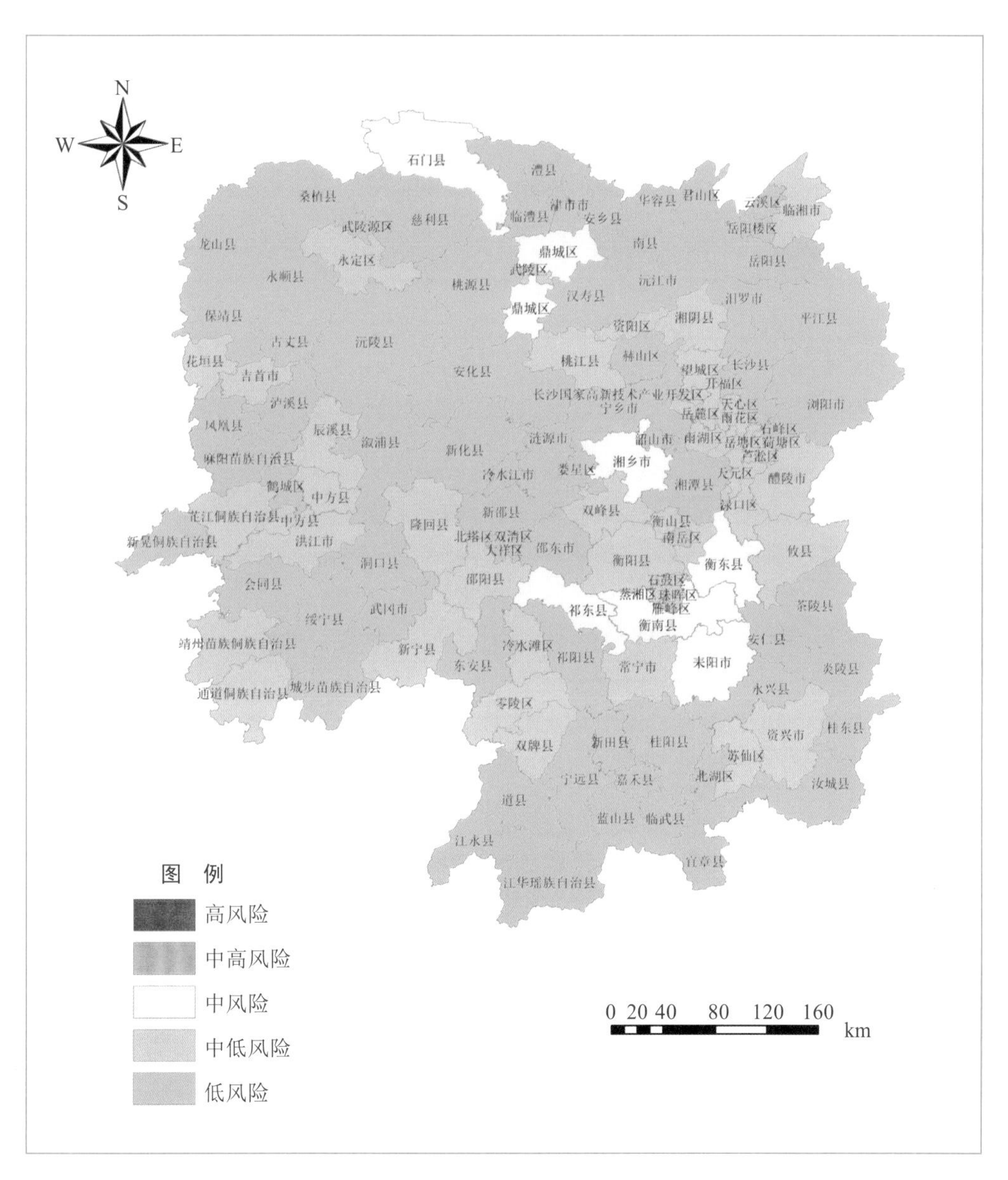

附图 13 湖南省城镇干旱灾害风险区划分布

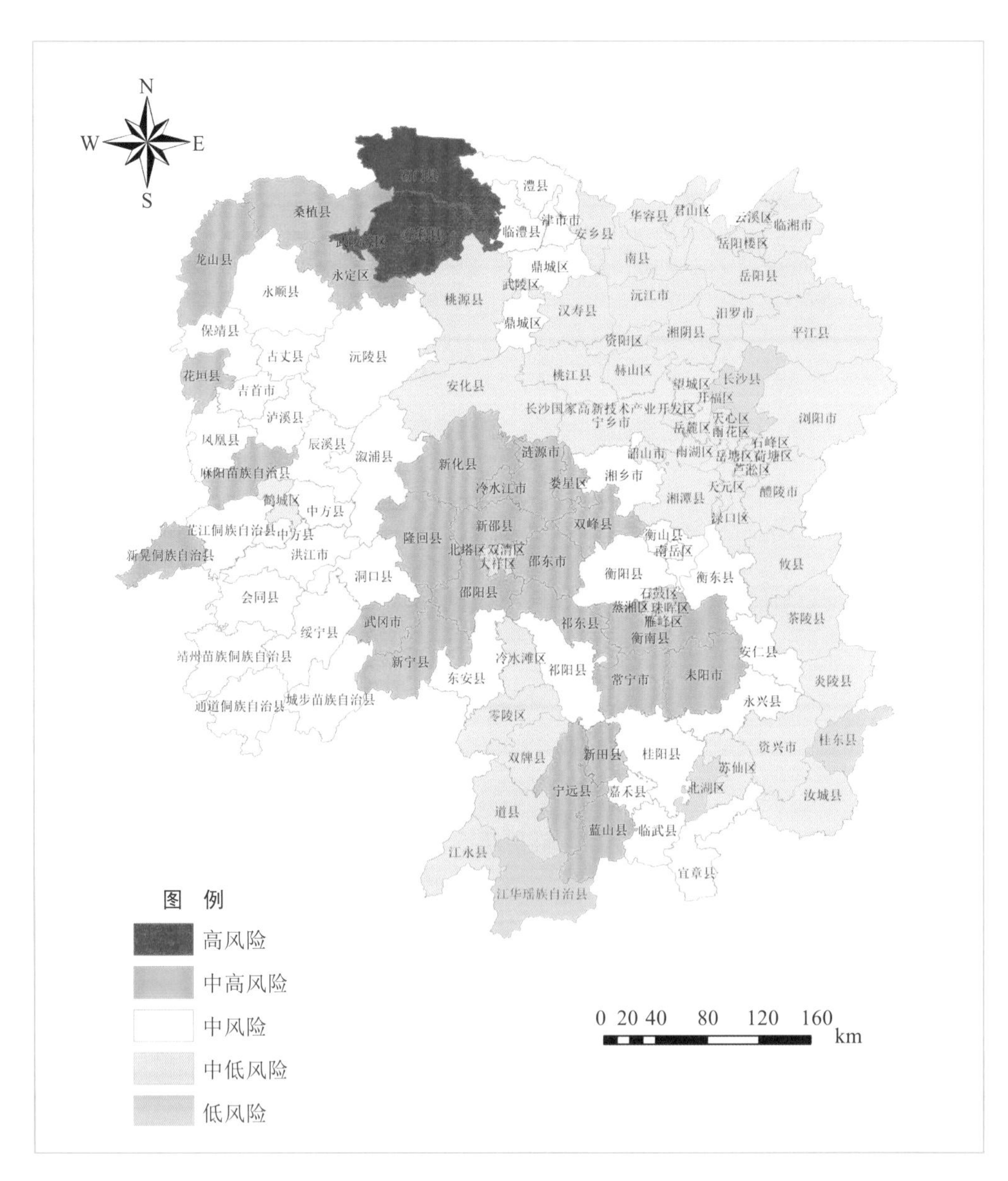

附图 14 湖南省干旱灾害综合风险区划分布

附图 15　湖南省干旱灾害防治一级区划分布

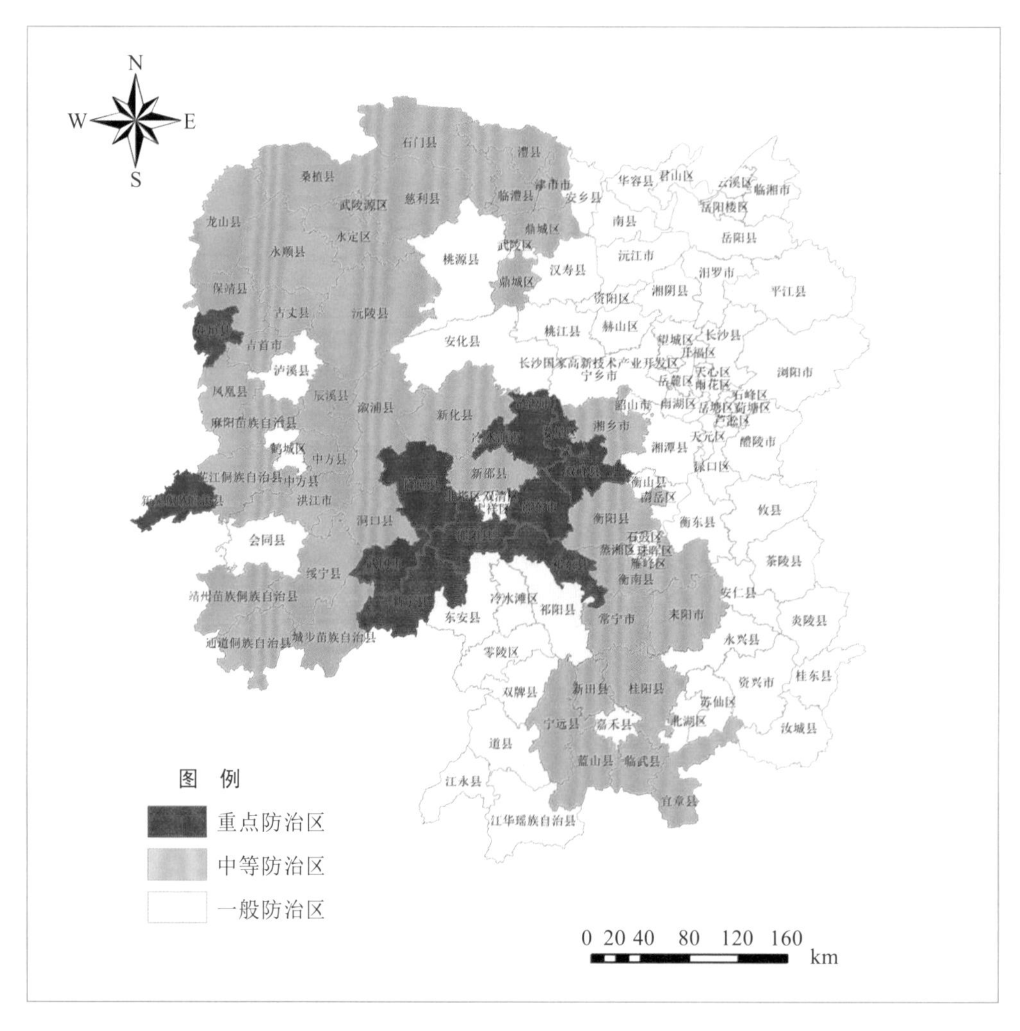

附图 16　湖南省干旱灾害防治二级区划分布

图书在版编目（CIP）数据

湖南省干旱灾害风险及防治区划 / 魏永强等著 .
—武汉 ： 长江出版社，2023.9
ISBN 978-7-5492-9122-9
Ⅰ . ①湖… Ⅱ . ①魏… Ⅲ . ①旱灾 - 灾害防治 - 研究 - 湖南 Ⅳ . ① P426.616

中国国家版本馆 CIP 数据核字 (2023) 第 168956 号

湖南省干旱灾害风险及防治区划
HUNANSHENGGANHANZAIHAIFENGXIANJIFANGZHIQUHUA
魏永强等 著

责任编辑：郭利娜
装帧设计：王聪
出版发行：长江出版社
地 址：武汉市江岸区解放大道 1863 号
邮 编：430010
网 址：https://www.cjpress.cn
电 话：027-82926557（总编室）
027-82926806（市场营销部）
经 销：各地新华书店
印 刷：武汉新鸿业印务有限公司
规 格：787mm×1092mm
开 本：16
印 张：6.75
彩 页：4
字 数：160 千字
版 次：2023 年 9 月第 1 版
印 次：2023 年 9 月第 1 次
书 号：ISBN 978-7-5492-9122-9
定 价：50.00 元